I0469198

Antonio Marino

PIANETA

LUNA

Introduzione allo studio della Luna

attraverso l'osservazione

con telescopi da Terra

Pianeta Luna
Copyright © 2007 Antonio Marino
Printed Lightning Source Inc.
1246 Heil Quaker Blvd.
La Vergne, TN U.S.A. 37086

Editing Lulu Press Enterprises, Inc
3131 RDU Center, Suite 210
Morrisville, NC 27560
U.S.A.

ISBN 978-1-4303-2063-0
prima edizione maggio 2007

A mia moglie Mary
e alle mie figlie Ester e Miriam

INDICE

Introduzione

L'astrofilo che osserva dal balcone o terrazzo della propria abitazione in pieno centro cittadino, conosce benissimo l'effetto negativo che può dare l'ormai incontrollabile inquinamento luminoso che avvolge le nostre città.

Chi si avvicina per la prima volta al mondo dell'astronomia, commette spesso l'errore di non documentarsi preventivamente sul tipo di telescopio da acquistare, in funzione degli oggetti celesti osservabili dal proprio sito di osservazione, che il più delle volte è costituito dal balcone di casa. Questo provoca enormi delusioni al primo tentativo di osservare qualche oggetto del profondo cielo, praticamente impossibile da intercettare soprattutto con piccoli telescopi amatoriali, nel bagliore di luce diffusa generata dall'abitato circostante.

Essendo un facile bersaglio e ricco di luce da raccogliere anche con piccoli telescopi, la Luna è senz'altro l'oggetto più osservato dalla città, e tutti i possessori di telescopi prima o poi puntano la propria strumentazione verso la Luna anche solo per collaudare la bontà delle ottiche. Questa situazione purtroppo, rende l'osservazione lunare solo un ripiego per smorzare le delusioni acquisite alle prime esperienze telescopiche, e per non vanificare del tutto la spesa del telescopio ormai acquistato.

La scoperta della presenza sulla superficie lunare di innumerevoli crateri, montagne e valli, rende le prime osservazioni interessanti e ricche di emozioni. Ma spesso si arriva alla errata conclusione che seppur bello, si tratta di un paesaggio tanto vasto quanto ripetitivo, offrendo sempre meno emozioni man mano che l'occhio si abitua alla visione di quel suolo diventato ormai statico ed insignificante.

Molto spesso, grazie a questo tipo di esperienza il telescopio diventa un oggetto ornamentale dell'appartamento in cui si vive, o addirittura riposto nella confezione d'origine e messo a stagionare in cantina o dentro un mobile.

Solo i più curiosi riescono a superare questa fase critica e trovare gli stimoli giusti per approfondire la propria conoscenza verso il nostro satellite naturale, intuendo sin da subito l'importanza di scoprire i segreti nascosti dalla Luna che rappresenta un vivo testimone dell'evoluzione del Sistema Solare.

Superata quindi questa fase confidenziale col telescopio rivolto verso la Luna, si intuisce subito che l'osservazione lunare non è mai monotona e ripetitiva.

Grazie all'età (o fasi) della Luna che cambia in continuazione per mezzo della diversa illuminazione solare, la superficie lunare appare incredibilmente sempre diversa di ora in ora, così se si osserva lo stesso cratere giorno dopo giorno, si vedranno le ombre proiettate dai rilievi mutare incessantemente e a causa della regressione dei nodi orbitali della luna, le stesse esatte condizioni di illuminazione si ripetono soltanto ogni 18 anni. Inoltre il nostro satellite naturale, offre diversi spunti di studio e ricerca anche per i possessori di telescopi non professionali, come ad esempio lo studio topografico e la ricerca di elusive strutture come i domi lunari e le rimae lunari. Ci sono poi i fenomeni lunari transienti (TLP), per i quali alcune formazioni improvvisamente possono cambiare aspetto e luminosità, oppure assumono diverse sfumature di colore per brevissimi periodi di tempo, senza che realmente se ne conosca la ragione. Accurate osservazioni possono aiutare a risolvere l'enigma, e forse proprio gli astrofili contribuiranno agli studi che approfondiranno la conoscenza della geologia lunare.

Con questo libro spero di contribuire anche se in minima parte, alla formazione almeno iniziale dell'osservatore lunare. Vista la vastità di argomenti sulla Luna, ho cercato di toccare quelli essenziali senza però addentrarmi più di tanto mettendo a disposizione del lettore la mia modesta esperienza nel campo delle osservazioni lunari. Il mio intento è quello di stuzzicare la curiosità del potenziale osservatore lunare ed invogliarlo ad approfondire la propria conoscenza attraverso una letteratura più approfondita e dettagliata per ogni singolo argomento qui trattato.

Antonio Marino

CAPITOLO 1
LA LUNA

1.1 Introduzione alla Luna

Con il termine "satellite naturale" s'intende un corpo celeste gravitante attorno ad un pianeta, con le medesime leggi con le quali i pianeti gravitano intorno al Sole. Oltre alla Terra, anche altri pianeti come Marte, Giove, Saturno e Nettuno possiedono i loro satelliti naturali. Gli unici pianeti del sistema solare privi di satelliti risultano quindi Mercurio, Venere e Plutone.

La Luna è l'unico satellite terrestre, ed essendo il corpo celeste più vicino alla terra è l'unico parzialmente esplorato direttamente dall'uomo durante le missioni Apollo. Anche se visibile per luce riflessa del Sole, la Luna è anche l'astro più brillante e quindi visibile da Terra, ovviamente dopo il Sole.

La massa della Luna è pari a 7,35e22 kg (73,5 miliardi di miliardi di tonnellate), insufficiente a trattenere molecole di gas. Questo fa sì che la Luna sia priva di un'atmosfera. La mancanza di un'atmosfera quindi, in condizioni ottimali permette un'ottima visibilità della superficie lunare da terra. Al contrario di molti altri satelliti del sistema solare, la Luna possiede una massa non trascurabile rispetto al pianeta di appartenenza (massa =1/81 di quella terrestre). Se non fosse vincolata dalla gravità esercitata della Terra, la quale la obbliga ad orbitare intorno ad essa, la Luna sarebbe stata classificata senza ombra di dubbio come uno dei pianeti del nostro sistema solare. Ciò nonostante, a causa delle sue dimensioni e della sua composizione è spesso classificata come pianeta terrestre insieme a Mercurio, Venere, Marte e Terra. Questo significa che essa essendo di taglia planetaria, offre una grossa opportunità di studio per comprendere l'evoluzione di altri pianeti terrestri. In altre parole, per la sua distanza relativamente bassa dalla Terra, è come avere un laboratorio planetario in casa.

L'aspetto della Luna testimonia la grande importanza che hanno avuto gli impatti meteoritici nel passato del nostro Sistema Solare. Già ad occhio nudo vi si possono distinguere regioni chiare ed altre più scure. In passato, le prime vennero impropriamente dette "terrae" e le seconde "maria" in analogia con la superficie terrestre. In realtà i maria sono aree pianeggianti più scure e poste a quote inferiori a quelle più chiare, coprono quasi il 16% della superficie della Luna (tenendo conto anche dell'emisfero non visibile), e sono enormi crateri da impatto che in seguito sono stati riempiti da lava fusa. Durante il processo di formazione del cratere, la fratturazione della crosta deve avere raggiunto il mantello lunare consentendo la fuoriuscita di lava a profondità variabile fra 200 e 400 km, che è andata a colmare il bacino scavato dall'impatto. Il più grande dei mari lunari è l'Oceanus Procellarium (oceano delle Tempeste), due volte più esteso del nostro Mar Mediterraneo.

Le terrae sono invece delle zone pianeggianti in rilievo, dalla morfologia varia e ricchissime di crateri da impatto. Le terrae più che i maria, sono cosparsi da una miriade di crateri, strutture circolari a fondo piatto e dai bordi in rilievo, con diametri variabili tra meno di un chilometro a diverse centinaia di chilometri. I crateri più grandi prendono il nome di circhi, e arrivano a diametri di oltre 240 chilometri, con profondità fino a 5 chilometri. I crateri e i circhi si sono formati per impatto di meteoriti sulla superficie lunare o, meno probabilmente, per fenomeni vulcanici. Sulla Luna, come su altri satelliti e su Mercurio, gli impatti sono stati particolarmente violenti perchè i meteoriti non sono stati frenati dall'attrito di un'atmosfera come avviene sulla Terra, la cui atmosfera disintegra e polverizza piccoli meteoriti. Gli impatti sul suolo lunare sono tuttora frequenti anche se con intensità minore rispetto al passato.

Vari campioni rocciosi, per un totale di 382 kg, sono stati portati sulla Terra dalle missioni Apollo e Luna. Grazie ad essi la nostra conoscenza della Luna ha potuto essere più dettagliata: ancora oggi, più di trent'anni dopo l'ultima missione sulla Luna, gli scienziati stanno studiando questi preziosi campioni di roccia lunare, che sono particolarmente preziosi per quanto riguarda la datazione.

L'origine della Luna non è ancora nota. In passato si ipotizzò che si fosse formata contemporaneamente alla Terra dalla nube protoplanetaria (teoria del *co-accrescimento*), oppure per scissione di parte del materiale terrestre (teoria della *fissione*), o ancora che la Luna si fosse formata altrove e fosse poi stata catturata gravitazionalmente dalla Terra (teoria della *cattura*). La teoria oggi più accreditata grazie alle più dettagliate informazioni che abbiamo ottenuto dalle analisi delle rocce lunari è quella dell'*impatto*. Un gigantesco impatto sulla superficie terrestre avrebbe causato la fuoriuscita di materiale dal suo interno; esso si sarebbe poi condensato per formare la Luna. Furono due scienziati del Planetary Science Institute, il dr. William K. Hartmann ed il dr. Donald R. Davis, a suggerire per primi l'ipotesi attualmente più accreditata dell'origine della Luna, in uno studio pubblicato nel 1975 sulla rivista Icarus. Questi, ipotizzarono che all'epoca in cui si formò la Terra (4,5 miliardi di anni fa), si stavano aggregando anche altri piccoli corpi planetari. Uno di questi colpì la Terra ormai giunta agli ultimi stadi del suo processo di formazione, asportando del materiale roccioso. Una frazione di questi detriti finì in orbita intorno alla Terra e si aggregò a formare la Luna. Inoltre spiegarono alcuni motivi per cui era plausibile tale ipotesi:

- La Terra ha un consistente nucleo ferroso, mentre la Luna ne è priva. All'epoca del violento impatto il ferro terrestre era già sceso nel nucleo. Per tale motivo i frammenti provenienti sia dalla Terra che dall'impattore e che formavano in precedenza i mantelli dei due corpi erano rocciosi e poveri di ferro. Il nucleo ferroso del proiettile si fuse in seguito all'impatto e si unì al nucleo ferroso della Terra, proprio come previsto dai modelli computerizzati.
- La Terra ha una densità media di 5.5 grammi/centimetro cubo, ma quella della Luna è di soli 3.3 grammi/centimetro cubo. Il motivo è lo stesso, cioè che la Luna è carente di ferro.
- La composizione isotopica dell'ossigeno della Luna è esattamente la stessa della Terra, mentre le rocce di Marte ed i meteoriti provenienti da altre regioni del Sistema Solare hanno differenti composizioni isotopiche dell'ossigeno. Questo mostra che la Luna è costituita da materiali provenienti da zone vicine alla Terra.
- Se ipotizziamo per l'origine della Luna un processo evolutivo, è molto difficile spiegare perchè gli altri pianeti non possiedano satelliti di questo tipo. Soltanto Plutone ha un satellite che è una apprezzabile frazione delle sue stesse dimensioni. La nostra ipotesi di un impatto gigante ha il vantaggio di invocare un evento occasionale che potrebbe accadere solamente a uno o due dei nove pianeti.

Se i mutamenti terrestri sono dovuti ad una forte attività tettonica a causa dell'esistenza di una suddivisione a "Placche", quelli della luna sono attribuibili quasi del tutto ad un massiccio bombardamento da parte di corpi celesti. Vistosi mutamenti della superficie lunare si sono avuti in prossimità dell'origine.

Anche per la Luna sono state ricostruite le fasi di evoluzione superficiale che ne hanno determinato l'aspetto odierno.

Pre-Nectariano. Va da 4.6 a 4.1 miliardi di anni fa.
Avviene la formazione della Luna. Stato fuso, separazione della crosta che produce gli altopiani. Le primitive configurazioni superficiali sono state completamente cancellate dal bombardamento di meteoriti. Tra i grandi impatti si hanno, in ordine temporale partendo dall'epoca più remota, quelli all'origine dei bacini *Nubium, Tranquillitatis, Smythii, e Serenitatis.*

Era Nectariana. Va da 4.1 a 3.9 miliardi di anni fa.
Avvengono gli impatti cataclismatici all'origine dei mari *Nectaris, Fecunditatis, Humorum e Crisium.*

Era Imbriana. Va da 3.9 a 3.4 miliardi di anni fa.
Il primo evento è la formazione del bacino *Imbrium*, seguita da quello del bacino *Orientale*. Vengono emesse ampie coltri di lava basaltica che ricoprono i mari lunari in stadi successivi che formano stratificazioni diverse. Continua il bombardamento meteoritico.

Era Eratosteniana. Comprende il periodo da 3.4 a 3 miliardi di anni fa.
Vengono ancora emesse lave, ma in minore quantità. Termina l'attività vulcanica. si formano i crateri con struttura simile a quella di Copernicus, ma dotati di raggere ormai poco visibili, si forma il cratere *Eratosthenes.*

Era Copernicana, Va da 3 miliardi di anni fa a oggi.
Si formano il cratere *Copernicus* (1 miliardo di anni circa), il cratere *Aristarchus* (250 milioni di anni circa), e altri crateri che ci appaiono raggiati e molto brillanti, specialmente se osservati durante le *eclissi di Luna.*

1.2 I dati della Luna

Potere riflettente o albedo	0,073
Densità rispetto alla Terra = 1	0,608
Densità rispetto all'acqua = 1	3,36
Velocità di fuga in superficie	2,4 km al sec.
Diametro apparente	31' 05"
Distanza media	384403 km
Distanza minima (perigee)	356371 km
Distanza massima (apogeo)	406720 km
Inclinazione equatore sul piano orbitale	6° 40' 49"
Magnitudine	-12,55
Gravità in superficie	0,166
Luminosità rispetto al Sole = 1	1/460.000
Librazione in longitudine	2' 10"
Librazione in latitudine	1' 47"
Massa rispetto alla Terra = 1	0,012305
Raggio lunare in km	1739,9 km
Superficie permanentemente invisibile dal nostro pianeta	41%
Volume rispetto alla Terra = 1	0,02035
Velocità orbitale della Luna	1 km/secondo
Temperature estreme sulla superficie lunare col Sole alto sull'orizzonte	+ 111° C
Temperature estreme sulla superficie lunare: in ombra	- 193° C

1.3 Struttura e composizione della Luna

La Luna ha un diametro di 3476 Km e una densità media di 3.36 g/cm. Oggi si sa che la storia geologicamente attiva della Luna è stata relativamente breve e piuttosto lineare. La crosta lunare ha uno spessore medio di 68 Km, ed e' composta da rocce di origine effusiva, soprattutto silicati di alluminio, calcio, ferro, magnesio e ossidi, ma anche da uranio, torio, potassio, ossigeno, silicio, titanio, e idrogeno. Quando la crosta lunare viene bombardata dai raggi cosmici, ogni elemento riemette nello spazio una sua propria radiazione particolare, sotto forma di raggi gamma. Alcuni elementi, come l'uranio e il torio, sono radioattivi e sono stati scoperti grazie a rilevamenti spettrografici. Infatti essendo instabili, essi emettono raggi gamma per conto loro. Tali radiazioni emesse da ogni elemento sono diverse tra loro, e uno spettrometro è in grado di distinguerli grazie allo spettro generato da ogni elemento. Ciò nonostante però, una mappa globale della Luna che riporti l'abbondanza di questi elementi, non è ancora realizzabile.

La crosta ricopre un mantello roccioso dello spessore di 980 Km circa. All'interno del mantello hanno origine i lunamoti, delle scosse sismiche di debole intensità. Le terrae, che rappresentano l'originaria crosta lunare, coprono oltre l'80% della superficie lunare. Esse sono ricoperte sino al punto di saturazione da crateri di tutte le dimensioni e di varia morfologia: questa particolare craterizzazione ha prodotto la morfologia basilare degli altopiani. Si ritiene che quasi tutti questi crateri siano il risultato del bombardamento meteoritico che avrebbe avuto luogo in gran parte durante le ultime fasi dell'accrescimento. La vastità dei bacini indica che essi si formarono in seguito all'impatto di corpi aventi un raggio di alcuni chilometri, i cosiddetti "planetesimali". Il materiale scagliato via in corrispondenza degli eventi di formazione dei bacini sarebbe stato disseminato ovunque; si pensa che attorno al bacino si sia accumulato in un apprezzabile spessore, che ricopre il terreno sottostante. La morfologia degli altopiani lunari può essere compresa interamente in termini degli effetti del massiccio bombardamento meteorico. Giacché la densità superficiale dei crateri è così elevata, queste regioni sono evidentemente molto antiche. I maria, che si trovano principalmente sull'emisfero visibile della Luna, contrastano considerevolmente con gli irregolari altopiani o terrae. L'albedo (o riflettività) dei maria lunari è compresa fra 0.05 e 0.1, mentre quello delle terrae è più elevato, oscillando fra 0.12 e 0.18. La maggiore albedo delle terrae è dovuto al più alto contenuto in alluminio e scarsità di ferro rispetto ai maria.

La Luna non possiede un campo magnetico, ma il magnetismo lunare è localizzato solo in certi punti della crosta. Ciò non esclude però che un certo magnetismo può averlo avuto in passato, come testimoniato dallo studio del magnetismo residuo delle rocce lunari prelevate durante le missioni Apollo, che ha portato alla conclusione che la Luna doveva possedere un campo magnetico globale fra 3.9 e 3.6 miliardi di anni fa. La mancanza di un campo magnetico globale indica che il nucleo metallico della Luna attualmente è completamente o quasi solidificato. A parte le zone dotate di un'anomalia magnetica, il resto della superficie lunare è costantemente bombardata dalle particelle cariche del *vento solare* (energie fra 1-100 eV), dei *raggi cosmici solari* (0.1-1 MeV) e dei *raggi cosmici galattici* (0.1-10 GeV). La profondità di penetrazione di queste particelle può arrivare anche ad alcuni metri sotto la superficie.

Come abbiamo visto, La luna è priva di una vera e propria atmosfera come quella terrestre, quindi vi è l'assenza totale di fenomeni climatici quali: tempeste, venti, formazione di nubi e piogge. Inoltre i pochi atomi che derivano dal degasamento (il rilascio di gas, come il radon, da parte dell'uranio contenuto dalle rocce che compongono la luna), e dal vento solare che viene brevemente catturato, non vengono trattenuti dalla gravità lunare, ed è soprattutto per questo motivo che non si può parlare di una vera atmosfera. Si potrebbe affermare però, che sulla Luna vi sia una "esosfera", cioè un'atmosfera molto tenue, con una densità pari a 2×10^5 molecole/cm^3 nell'emisfero notturno e di 10^4 molecole/cm^3 nell'emisfero diurno. Queste condizioni atmosferiche non permettono interazioni tra particelle, se non quella esclusiva tra particelle e suolo. E' quindi facilmente intuibile che la caduta di meteoriti anche di piccolissime dimensione sulla superficie lunare, è diretta e priva di forze contrastanti. La massa complessiva dell'atmosfera lunare è di soli 10^4kg, 14 ordini di grandezza inferiore alla massa dell'atmosfera terrestre. I principali gas che compongono l'atmosfera lunare sono idrogeno (H), elio (He), neon (Ne) e argon (Ar). L'idrogeno e il neon sono di origine solare, così come il 90% dell'elio. La percentuale rimanente di elio e tutto l'argon provengono invece dal decadimento di elementi radioattivi del suolo lunare.

Sulla superficie lunare, fin dall'epoca della sua formazione, il continuo bombardamento da parte della polvere interplanetaria, di meteoroidi e piccoli asteroidi, ha portato alla frammentazione dello strato superficiale formando il *regolite* lunare. Durante la sua vita di 4 miliardi di anni, molti ioni di idrogeno del vento solare sono stati assorbiti dal regolite lunare. I campioni di regolite riportati dalle missioni Apollo si sono dimostrati molto utili nello studio del vento solare. Si è ipotizzato che questo idrogeno solare un giorno potrebbe essere usato come combustibile per razzi. Il regolite è l'insieme di tutti i detriti che ricoprono la superficie lunare, non solo dalla polvere fine. Poiché il regolite si forma in seguito al bombardamento di meteoroidi, le superfici più antiche sono ricoperte da spessori maggiori: nelle terrae lo spessore del regolite va dai 20 ai 30 m, mentre nei maria lo spessore varia da 2 a 8 metri. Il fondo di crateri giovanissimi invece, hanno uno strato di regolite di soli pochi centimetri.

Si pensa che il campione totale riportato a Terra, sia un campione rappresentativo della varietà di materiali che si ritiene si trovino sulla Luna. Sui frammenti di superficie lunare sono state svolte molte analisi fisiche, chimiche e di datazione. La misura relativa all'età di questi campioni, effettuata tramite la determinazione delle abbondanze di particolari elementi radioattivi (sia dei progenitori che dei loro prodotti di decadimento), è cruciale per il chiarimento della sequenza di eventi ai quali la Luna è stata soggetta. Dai risultati di queste analisi, dallo studio di una varietà di dati acquisiti da sonde in orbita attorno alla Luna, e dalle informazioni riportate dalle stazioni geofisiche installate sulla Luna dagli astronauti delle missioni Apollo, disponiamo ora di un quadro soddisfacente di come, in generale la Luna si sia evoluta. L'analisi chimica di campioni di rocce ignee lunari consente una loro suddivisione in tre tipi principali: anortositi ferrose, noriti (cioè rocce ricche di magnesio), e basalti. Questo tipo di roccia che costituisce principalmente le terre, è detto "breccia", si presenta come un aggregato di rocce tenute insieme da una matrice più fine, generata negli innumerevoli processi di craterizzazione da impatto. Le brecce possono essere formate da più tipi di roccia, più o meno di età diversa. L'età delle brecce da impatto delle terrae è stata determinata ricorrendo alla tecnica della datazione radioattiva e il risultato è che l'età dei campioni raccolti dalle missioni Apollo sono comprese fra 3.8 e 3.9 miliardi di anni fa. La datazione dei maria invece, è risultata posteriore a quella delle terre, 3,7 e 3,1 miliardi di anni fa. Questo spiega anche la minore creterizzazione dei maria rispetto alle terrae. L'età più remota delle rocce terrestri risale a 3 miliardi di anni fa, per questo la Luna fornisce delle testimonianze riguardo al primo periodo del sistema solare che non sono disponibili sulla Terra.

La conoscenza della composizione mineraria di queste rocce acquisita grazie al prelevamento durante le missioni lunari è molto importante. Si può pertanto affermare tranquillamente che le noriti ed i basalti hanno un'origine totalmente differente dalle anortositi: i primi due tipi sono il risultato della "fusione parziale" della materia del mantello, mentre le anortositi derivano dalla "cristallizzazione frazionata". La fusione parziale è il processo attraverso il quale ha luogo gran parte del vulcanismo terrestre: i materiali del mantello soggetti al riscaldamento, in profondità subiscono la fusione di quei costituenti che hanno un basso punto di fusione e la roccia fusa migra in superficie, dove si raffredda e si solidifica. D'altra parte la cristallizzazione frazionata ha luogo con la fusione totale del materiale in questione, seguita dal successivo raffreddamento; la scoperta che gli altopiani lunari, che coprono la maggior parte della superficie lunare, derivano principalmente da un tale processo, ha profonde implicazioni. Le rocce anortositiche degli altipiani non hanno una composizione indicativa di un basso punto di fusione, e furono apparentemente prodotte da un materiale completamente allo stato fuso. Le anortositi contengono un'abbondanza relativamente grande di metalli leggeri, allumino e calcio, ed appaiono essersi formate in seguito alla flottazione di cristalli a bassa densità, mentre aveva luogo il raffreddamento (o, in modo equivalente, l'affondamento della materia più densa ancora allo stato fuso). La fonte di calore responsabile dell'intera superficie è attualmente incerta, anche le cause possono essere state le più svariate, come ad esempio il calore "gravitazionale" prodotto dagli impatti meteoritici in seguito alla massiccia craterizzazione, o il riscaldamento elettromagnetico per induzione da parte di un intenso campo magnetico solare in rapida rotazione.

Successivamente all'epoca della formazione dei maria vi è stata assai poca evoluzione geologica sulla Luna, a parte la formazione di ulteriori crateri da impatto con una frequenza sempre minore.

La situazione dello stato attuale dell'interno della Luna è ricavata grazie all'analisi dei dati sismici raccolti dalle stazioni geofisiche installate dagli astronauti durante alcune missioni sul territorio lunare. Questi dati indicano che l'interno della Luna è solido fino ad una profondità di circa 1000 chilometri, forse con un centro ancora allo stato fuso. La sismicità della Luna è molto bassa, ma poichè la superficie lunare è priva di venti, rappresenta una collocazione ideale per un sismografo, ed è stato possibile quindi installare strumenti di grandissima sensibilità e registrare quindi un gran numero di terremoti molto lievi (con un massimo del secondo grado della Scala Richter). La maggior parte di essi ha origine a grandi profondità, apparentemente vicino al confine fra la litosfera (zona solida) e la parte centrale meno rigida. I lunamoti mostrano una periodicità di 28 giorni, dovuta all'interazione mareale con la Terra.

La Luna ha una forte asimmetria dovuta al fatto che il suo centro è spostato di circa 1,8 chilometri rispetto al centro di massa. L'interpretazione più semplice di questa osservazione è che la crosta sulla faccia visibile dalla Terra sia più sottile di quella che si trova sulla faccia nascosta (il centro di massa è spostato verso la Terra e ad est). Questa asimmetria può essere la conseguenza di una disomogeneità chimica all'epoca dell'accrescimento. Questo spiega come i bacini rivolti verso la Terra sono riempiti di lava, mentre gli altri no, o in misura molto inferiore.

La Luna è assai povera di sostanze volatili inclusi gli elementi più volatili del ferro. La scarsità di materiali volatili si accompagna ad una considerevole ricchezza di materia refrattaria (con elevato punto di fusione), inclusi gli ossidi di calcio, di alluminio e di titanio ed altri elementi minori.

Non si è trovata materia organica nei campioni di roccia raccolti sulla Luna. La scoperta più importante è stata la totale assenza di acqua in qualche legame chimico fra i campioni di roccia lunari. Ma la probabile presenza di acqua sulla superficie lunare è un argomento spesso dibattuto dalla comunità scientifica. La possibilità della presenza di ghiaccio sulla Luna fu suggerita già nel 1961. Composti volatili degasati dalla Luna ai primi stadi di formazione o depositati sul suolo da comete ed asteroidi avrebbero potuto migrare e venire raccolti in zone permanentemente in ombra vicino ai poli, più precisamente sul fondo di crateri di una certa profondità dove sarebbero potuti essere stabili per ere geologiche. Infatti oltre ad essere avvolti in queste perenni oscurità e proprio in conseguenza di esse, il fondo di questi crateri è caratterizzato da una temperatura di quasi 200 gradi centigradi sotto lo zero. Tali siti però non sono osservabili da terra, e l'unico modo per poterle sondare è l'utilizzo di un sistema radar, poiché i depositi ghiacciati producono un segnale riflesso particolare. Cosa che è stata sperimentata attraverso il radar della sonda Clementine nel 1996, in orbita intorno alla Luna. Questa avrebbe rivelato un picco di riflessione radar probabilmente dovuto ad

Il radiotelescopio di Arecibo (Portorico)

un deposito ghiacciato contenuto sui fondali perennemente in ombra di uno dei crateri. Una tecnica analoga aveva già dato risultati positivi nell'analisi della superficie di Mercurio, dove alcuni crateri di questo pianeta non vengono mai illuminati dalla luce solare e dunque avrebbero potuto essere un ottimo frigorifero naturale. Il segnale di ritorno dall'eco radar ha dato certezza della presenza di ghiaccio su Mercurio. Forte di tale esperienza, il team di Bruce Campbell (Smithsonian Institution), recentemente, utilizzando il radiotelescopio di Arecibo (Portorico) ha tentato di trasferire la tecnica sperimentata su Mercurio anche sulla Luna, dove però almeno per il momento i risultati sono stati tutt'altro che soddisfacenti. Più tardi, nel 1998 lo spettrometro a neutroni collocato sulla sonda Lunar Prospector individua significativi depositi di idrogeno sempre in corrispondenza dei poli lunari. L'interpretazione degli scienziati è che quell'idrogeno potrebbe essere il chiaro segno della presenza di depositi d'acqua ghiacciata. La sonda viene utilizzata anche per un altro esperimento in occasione del suo pensionamento. Infatti il 31 luglio 1999 la Lunar Prospector, giunta al termine della sua missione, viene fatta precipitare in un cratere in prossimità del polo sud lunare con l'intento di studiare da terra con appositi strumenti come gli spettroscopi, le polveri sollevate dall'impatto alla ricerca di segnali che confermino la presenza d'acqua. Ma anche questa missione non conferma la presenza di acqua. L'attuale situazione sulla questione acqua sulla Luna quindi, è ferma ad uno studio pubblicato su Nature da Bruce Campbell in seguito ai studi condotti attraverso il radiotelescopio dell'osservatorio di Arecibo, il quale afferma che almeno per il momento sembra proprio che si debba abbandonare definitivamente l'idea di compatti strati di ghiaccio sepolti in profondità. Tuttavia il ghiaccio, potrebbe essere presente non sotto forma di strati omogenei (quelli che si ricercano con l'eco radar), bensì come microscopici grani mescolati con la polvere lunare. Oppure, altra possibilità, gli strati di ghiaccio potrebbero essere molto sottili e nascosti nelle rocce.

1.4 I moti lunari

I principali moti della Luna, oltre alla traslazione che essa compie assieme alla terra attorno al Sole, sono la rivoluzione e la rotazione; in realtà essi sono innumerevoli e molto complessi, a causa della sua forma irregolare e del variare della posizione di Terra e Sole nel tempo.

Rivoluzione

L'orbita della Luna ha un raggio medio di 384400 Km e un'eccentricità pari a 0.05; essa giace su un piano inclinato di 5 o 8' sull'eclittica, che interseca in due punti detti "nodi". La retta che congiunge i nodi si dice "linea dei nodi"; quando Sole, Terra e Luna si trovano allineati lungo la linea dei nodi, si verifica un'eclissi.

Il periodo orbitale della Luna viene detto "mese". Esso e' riferito all'intervallo di tempo necessario perchè essa riprenda la stessa posizione relativamente alla Terra e ad un dato punto dello spazio.

Rispetto ad un punto fisso della sfera celeste, per esempio una stella lontana, la Luna compie una rivoluzione completa in 27 giorni, 7 ore e 43 minuti, intervallo che viene detto "mese siderale".

Se invece l'orbita lunare viene riferita al Sole, il mese ha una durata di 29 giorni, 12 ore e 44 minuti ("mese sinodico" o "lunazione"). Questo perchè nel frattempo, a causa del moto di rivoluzione della Terra attorno al Sole, esso si è apparentemente spostato di 27 gradi sulla sfera celeste.

Altri periodi lunari:

- Mese Draconico: è l'intervallo di tempo compreso fra due successivi passaggi allo stesso nodo orbitale, e corrisponde a 27,2 giorni;
- Mese Anomalistico: è il periodo compreso fra due successivi passaggi al perigeo e corrisponde a 27,5 giorni.

Rotazione

Il moto di rotazione della Luna attorno al suo asse ha la stessa durata della rivoluzione: come nel caso di molti altri sistemi pianeta-satellite, i due moti si sono sincronizzati nel tempo. Questo fa si' che il nostro satellite rivolga alla Terra sempre la stessa faccia. Tuttavia, per la seconda legge di Keplero, la rivoluzione è più lenta all'apogeo (punto più distante dalla terra) e più veloce al perigeo (punto più vicino alla terra), mentre la rotazione avviene con velocità angolare uniforme. Di conseguenza, per un osservatore terrestre, la Luna ha delle oscillazioni apparenti, dette "librazioni", per cui è possibile osservare più della metà della sua superficie, circa il 59 % del totale.

1.5 Le librazioni

Si è portati a pensare che la Luna mostri soltanto la metà della sua totalità, ma in realtà ne mostra il 59%. Questo è dovuto grazie al fenomeno della *librazione*, Il termine viene dal latino "libra", che significa bilancia. Questo è anche il nome di una costellazione dello zodiaco, che sembra assomigli una bilancia, e ha dato il nome ad una unità di misura di peso, la "libbra". Nella posizione di equilibrio, l'asse maggiore della Luna (che non è sferica, ma un pò allungata) è puntato verso la Terra, e la librazione fa variare temporaneamente questo puntamento un pò verso nord, sud, est e ovest. Poiché tutta la Luna segue questo moto, tramite la librazione è possibile osservare un pò di più della sua superficie.

Ci sono tre tipi di librazione:

la *librazione in latitutine* è la conseguenza del fatto che l'asse di rotazione della Luna è leggermente inclinato rispetto alla perpendicolare al piano della sua orbita. Questo genera le librazioni in maniera analoga a come l'inclinazione dell'asse della Terra genera le stagioni.

La *librazione in longitudine* deriva dalla lieve eccentricità dell'orbita della Luna attorno alla Terra, in modo che alla fine la rotazione della Luna si trova leggermente più avanti o più indietro di come dovrebbe essere rispetto alla posizione nella sua orbita

LIBRAZIONE IN LONGITUDINE

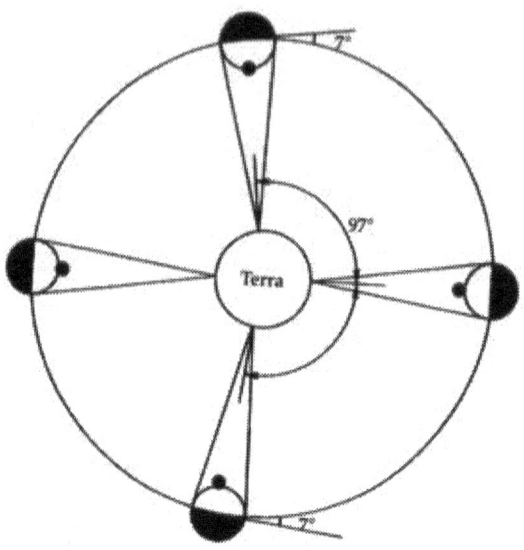

Infine, esiste un piccolo effetto chiamato *librazione diurna*, che è in realtà un movimento dell'osservatore e non della Luna. Poiché la Terra ruota, un osservatore guarderà la Luna da angolazioni leggermente differenti nel corso della giornata.

LIBRAZIONE DIURNA

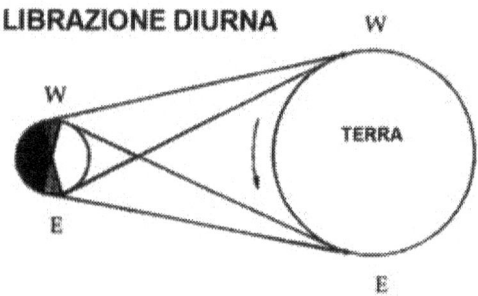

1.6 Le fasi lunari

Le fasi lunari sono una conseguenza dei moti lunari.

A seconda della posizione lungo la propria orbita la Luna è vista da ogni località della Terra con angolazioni diverse, e così la sua superficie appare completamente, parzialmente o per niente illuminata dalla luce solare diretta. Pertanto dalla fase di Luna Nuova, cioè Luna completamente in ombra e quindi invisibile a occhio, essa inizia a mostrare la classica falce che cresce ogni giorno sino a diventare un disco completamente illuminato nella fase di Luna Piena, per ricominciare quindi a descrescere successivamente fino ad annullarsi nuovamente in Luna Nuova.

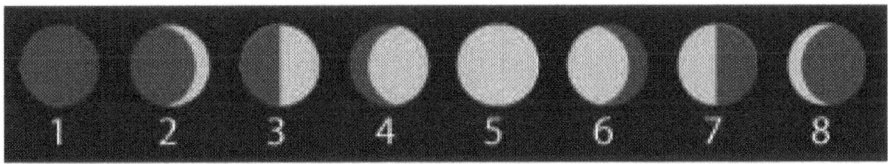

Le fasi lunari osservate da Terra sono correlate al mese sinodico, cioè il tempo che impiega la luna a tornare nello stesso punto della sfera celeste riferita al Sole. Questo avviene in 29 giorni, 12ore 44 minuti. Durante il mese sinodico si parla di *età lunare (o lunazione),* cioè lo spostamento progressivo del terminatore da ovest verso est lungo l'emisfero visibile lunare, permettendo una visione totale di tutto l'emisfero sera dopo sera. Il terminatore è la linea che separa la parte illuminata (giorno) da quella in ombra (notte) della superficie lunare. La posizione del terminatore indica inoltre l'alba e il tramonto lunare.

Il periodo sinodico si compone di quattro fasi principali, separate da altre quattro fasi intermedie:

1) Luna nuova - o novilunio è la fase della Luna in cui l'emisfero visibile risulta completamente in ombra. La luna nuova avviene quando nel corso della sua orbita il nostro satellite si interpone tra la Terra e il Sole, trovandosi quindi più vicina al sole rispetto alla Terra. Durante la fase di luna nuova, non è possibile vedere la luna in quanto essa è presente in cielo di giorno a poca distanza apparente dal Sole.

Quando l'orbita della luna risulta allineata perfettamente con la Terra e il Sole allora avviene il fenomeno delle eclissi di Sole.

2) Luna Crescente – La Luna mostra un disco parzialmente illuminato per meno della metà che è rivolto verso Ovest.

3) Primo Quarto - A circa 7,4 giorni di età lunare, trovandosi a 90° dal sole verso Est, la Luna sorge e tramonta 6 ore dopo di esso mostrando mezzo emisfero illuminato che si trova rivolto verso Ovest.

4) Gibbosa Crescente – Durante la fase di Luna Crescente, la porzione di disco illuminato ammonta ad oltre la metà.

5) Luna Piena - o plenilunio si ha quando la Luna si trova nel punto più lontano dal Sole rispetto alla Terra, e durante la quale l'emisfero lunare illuminato dal Sole è interamente visibile dalla Terra. Esso avviene perché la posizione orbitale del satellite è opposto a quello della Terra. In questo modo la Luna risulta visibile per l'intera notte. Quando l'orbita lunare risulta perfettamente allineata con quella terrestre (linea dei nodi) avviene in concomitanza con la luna piena un eclisse di Luna.

6) Gibbosa Calante – Durante la fase di Luna Calante, la porzione di disco in ombra ammonta ad oltre la metà.

7) Ultimo Quarto – La Luna sta per completare il giro, si trova infatti nuovamente a 90° dal Sole, ma questa volta verso Ovest, per cui sorge e tramonta 6 ore prima. L'emisfero illuminato volge ad Est ed ha un'età pari a 22,1 giorni.

8) Luna Calante - La frazione illuminata del disco lunare continua a decrescere mostrando ancora una piccola parte che si trova rivolta verso Est.

Durante tutto il mese lunare, la Luna sorge sempre in direzione Est e tramonta ad Ovest. Tuttavia, il sorgere della Luna ritarda di 50 minuti ogni giorno. La Luna, quindi, resterà "indietro" di circa 13 gradi al giorno rispetto al Sole.

Illuminazione della Luna e della terra durante l'orbita lunare attorno alla Terra

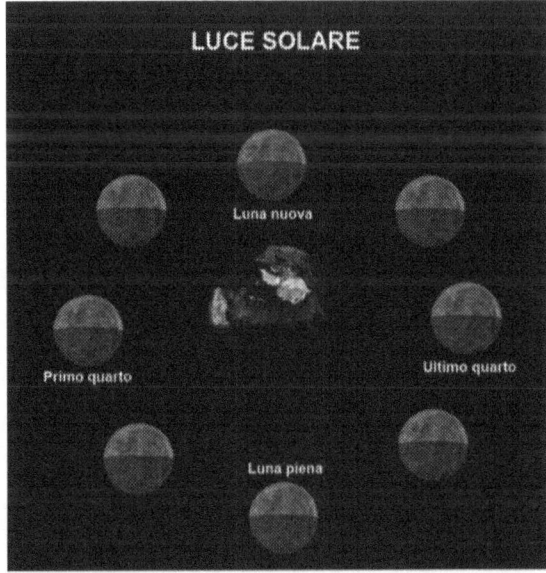

Ed ecco cosa vediamo realmente durante l'orbita lunare attorno alla Terra

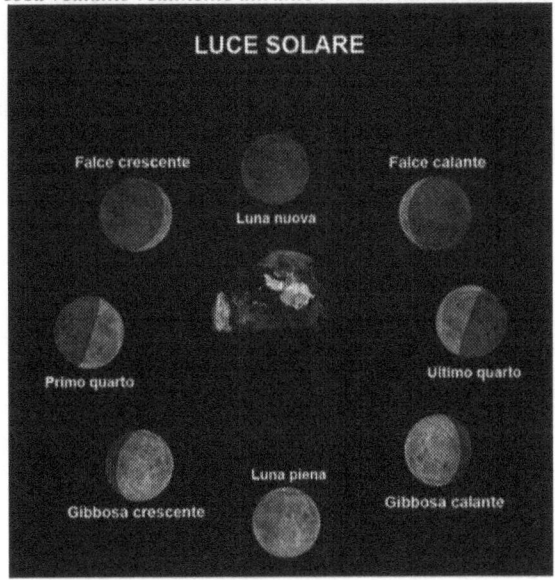

FASE DI LUNA CRESCENTE

Andamento dell'età lunare durante il mese sinodico:

Durante la fase di luna *crescente,* il terminatore si sposta da destra verso sinistra lungo l'equatore lunare "illuminando" progressivamente il lato che lascia alla sua destra.

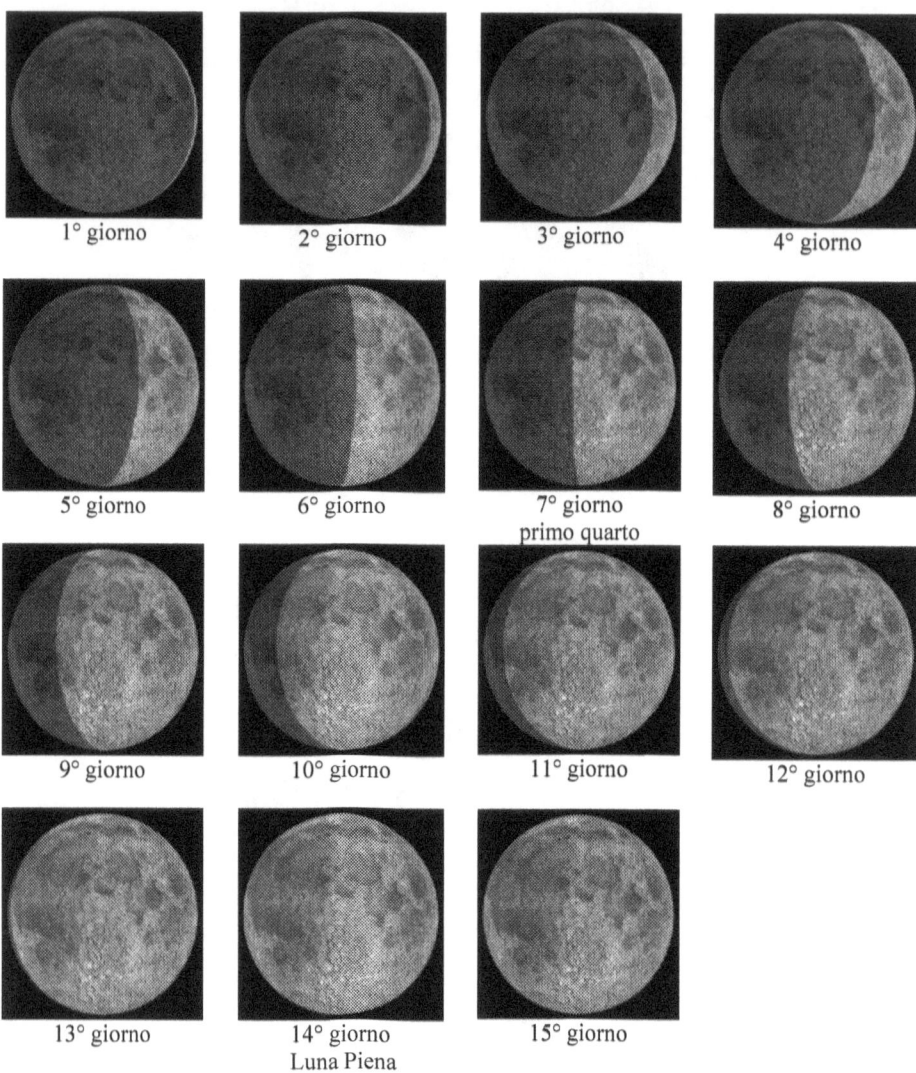

1° giorno	2° giorno
3° giorno	4° giorno
5° giorno	6° giorno
7° giorno primo quarto	8° giorno
9° giorno	10° giorno
11° giorno	12° giorno
13° giorno	14° giorno Luna Piena
15° giorno	

FASE DI LUNA CRESCENTE

Andamento dell'età lunare durante il mese sinodico:

Durante la fase di luna *calante,* il terminatore si sposta da destra verso sinistra lungo l'equatore lunare "oscurando" progressivamente il lato che lascia alla sua destra.

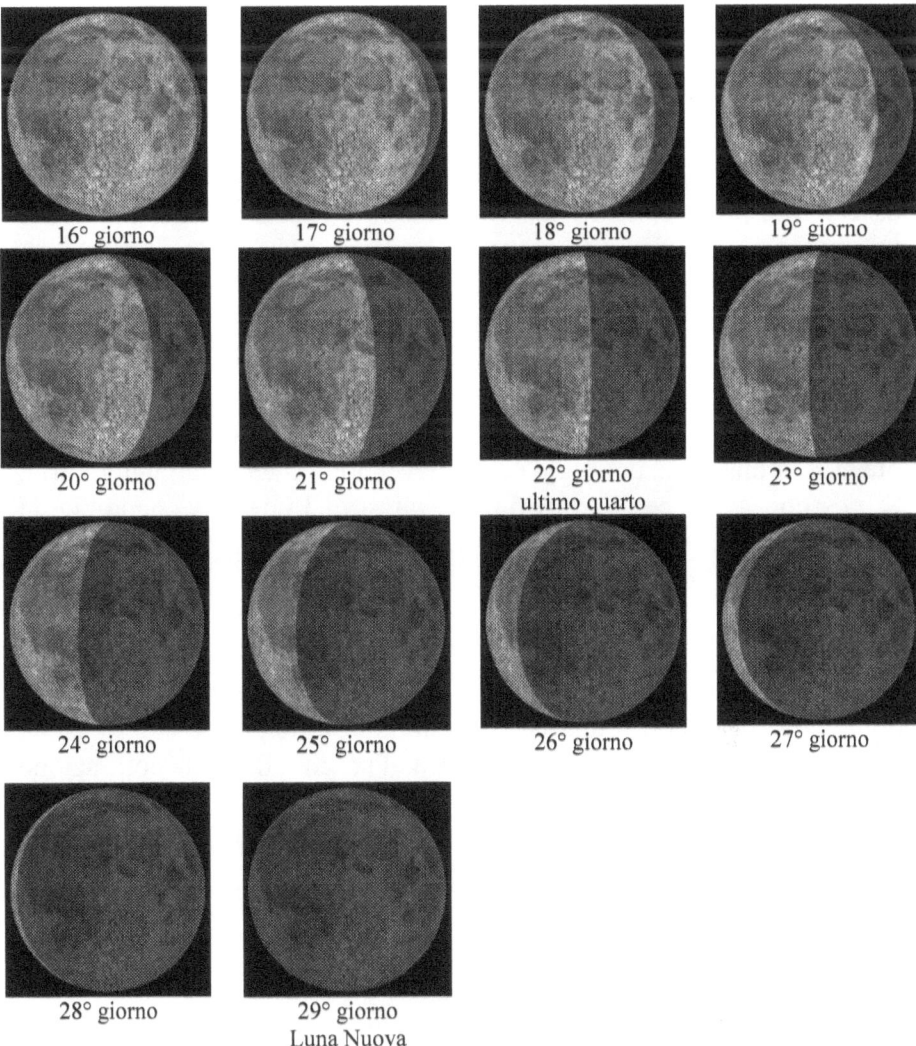

16° giorno	17° giorno	18° giorno	19° giorno
20° giorno	21° giorno	22° giorno ultimo quarto	23° giorno
24° giorno	25° giorno	26° giorno	27° giorno
28° giorno	29° giorno Luna Nuova		

Come la Luna nella fase piena illumina per riflessione la Terra, così anche la Terra quando è piena (se vista dalla Luna) illumina la parte in ombra della Luna. Questo fenomeno possiamo vederlo durante la prima e l'ultima fase lunare, ossia quando presenta uno spicchio di disco illuminato assai sottile. La tenue luce che illumina il resto del disco lunare è detta *Luce Cinerea*. Quindi la falce più luminosa è illuminata direttamente dai raggi solari, mentre il resto è illuminato dalla luce riflessa dalla Terra.

1.7 Le eclissi

La parola eclissi significa "occultamento" e indica l'oscuramento di un corpo celeste da parte di un altro che vi transita davanti, rispetto ad un osservatore posto sulla Terra. Il fenomeno è legato alla posizione che la Terra e i due corpi assumono nello spazio. Un'eclissi lunare è un fenomeno che porta l'ombra della Terra ad oscurare del tutto o parzialmente la Luna, e si verifica quando Sole, Terra e Luna si trovano allineati in quest'ordine. Nelle eclissi lunari il cono d'ombra proiettato dalla Terra è sempre molto più ampio della Luna, ed è accompagnato da un cono più ampio, detto cono di penombra, nel quale solo una parte dei raggi del Sole vengono intercettati dalla Terra. Si possono avere perciò vari tipi di eclissi di Luna, a seconda che la Luna entri totalmente o parzialmente nel cono di penombra, totalmente o parzialmente nel cono d'ombra:

Eclissi totale
Si verifica quando la luna transita completamente attraverso l'ombra della terra, passando prima per la penombra e poi, dopo essere uscita dall'ombra ritransita per la penombra. Per gli effetti di colorazione rossastra e per l'oscuramento precedente è il tipo di eclissi lunare più osservata. Ha sempre la magnitudo elevata al 100%, sia sotto che sopra l'eclittica.

Eclissi parziale
Si verifica quando la luna non è abbastanza vicina all'eclittica da poter transitare per l'intera ombra terrestre, quindi viene occultata solo in riduzione a una falce. E' lo stesso interessante per le parziali occultazioni e per lo spostamento dell'ombra che occulta parzialmente la Luna.

Eclissi di penombra (penombrale)

Si verifica quando la luna transita solo ed esclusivamente per la penombra della terra, senza essere occultata dall'ombra. Infatti, il fenomeno è poco appariscente. Ne potrebbe essere visibile un "pelucchio" dell'ombra, ma solo se la luna è dentro tutta la penombra. In questo caso, l'eclissi penombrale è totale, se invece ne viene oscurata solo una parte, l'eclissi penombrale è parziale.

Eclissi di sole

In questo caso, la Luna è tra Sole e Terra e proietta la sua ombra sulla Terra. Poichè il cono d'ombra della Luna ha una lunghezza circa pari alla distanza Terra-Luna, l'ombra che si proietta sulla Terra è piccola. Se il satellite si trova al perigeo, il cono d'ombra raggiunge la Terra e l'ombra proiettata copre completamente il Sole (*eclisse totale*), se è all'apogeo il suo cono d'ombra non arriva a lambire la superficie terrestre e quindi la Luna non copre tutto il disco solare (*eclisse parziale o anulare*). Lo studio delle eclissi di Sole ha permesso lo studio della corona solare, altrimenti invisibile.

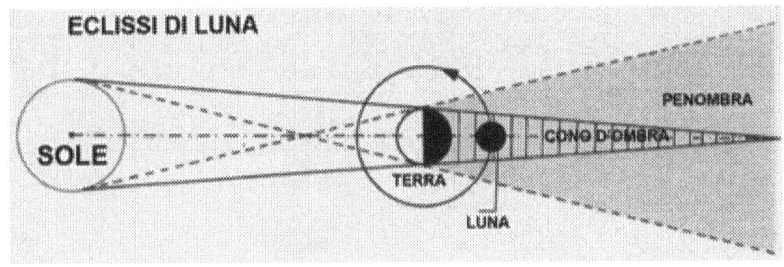

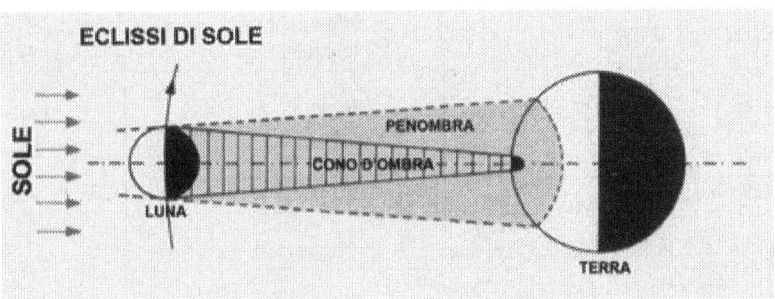

Ecco un elenco di eclissi lunari previste (fino al 2020)

Ora UTC: (tempo locale per l'Italia = UTC+1 (+2 con l'ora legale).

Data	Ingresso cono penombra	Ingresso cono ombra	Inizio eclissi totale	Massimo/Tipo	Fine eclissi totale	Uscita cono ombra	Uscita cono penombra
4/5/2004	18:51	19:48	20:52	21:30/totale	22:08	23:12	00:09
28/10/2004	01:06	02:14	03:23	04:04/totale	04:44	05:53	07:03
24/4/2005	07:50	-	-	09:55/penombra-parziale	-	-	12:00
17/10/2005	09:51	11:34	-	12:03/parziale	-	12:32	14:15
14/3/2006	21:21	-	-	23:47/penombra-totale	-	-	01:13
7/9/2006	17:42	19:05	-	19:51/parziale	-	20:37	22:00
3/3/2007	20:16	21:30	22:43	23:20/totale	23:57	01:11	02:25
28/8/2007	07:52	08:51	09:52	10:37/totale	11:23	12:24	13:22
21/2/2008	00:35	01:42	03:00	03:26/totale	03:51	05:09	06:17
16/8/2008	19:23	20:35	-	22:10/parziale	-	23:44	00:57
9/2/2009	12:37	-	-	14:38/penombra-parziale	-	-	16:40
7/7/2009	08:33	-	-	09:39/penombra-parziale	-	-	10:44
6/8/2009	00:01	-	-	01:39/penombra-parziale	-	-	03:17
31/12/2009	17:15	18:51	-	19:22/parziale	-	19:53	21:30
26/6/2010	08:55	10:16	-	11:38/parziale	-	13:00	14:21
21/12/2010	05:28	06:32	07:40	08:17/totale	08:54	10:02	11:06

Data	Ingresso cono penombra	Ingresso cono ombra	Inizio eclissi totale	Massimo/ Tipo	Fine eclissi totale	Uscita cono ombra	Uscita cono penombra
15/6/2011	17:23	18:23	19:22	20:13/totale	21:03	22:02	23:02
10/12/2011	11:32	12:45	14:06	14:32/totale	14:58	16:18	17:32
4/6/2012	08:46	09:59	-	11:03/parziale	-	12:07	13:20
28/11/2012	12:13	-	-	14:33/penombra-parziale	-	-	16:53
25/5/2013	18:02	19:52	-	20:07/parziale	-	20:23	22:13
25/6/2013	03:43	-	-	04:10/penombra-parziale	-	-	04:37
18/10/2013	21:48	-	-	23:50/penombra-parziale	-	-	01:52
15/5/2014	04:52	05:58	07:07	07:46/totale	08:25	09:34	10:39
8/10/ 2014	08:14	09:15	10:25	10:55/totale	11:25	12:35	13:35
4/5/2015	09:00	10:16	11:54	12:00/totale	12:06	13:45	15:01
28/9/2015	00:10	01:07	02:11	02:47/totale	03:24	04:28	05:24
23/3/2016	09:37	-	-	11:47/penombra-parziale	-	-	13:58
18/8/2016	09:25	-	-	09:43/penombra-parziale	-	-	10:01
16/9/2016	16:53	-	-	18:54/penombra-parziale	-	-	20:56
11/2/2017	22:32	-	-	00:44/penombra-parziale	-	-	02:56
7/8/2017	15:48	17:22	-	18:21/parziale	-	19:19	20:53
31/1/2018	10:50	11:48	12:52	13:30/totale	14:08	15:12	16:10
27/7/2018	17:13	18:24	19:30	20:22/totale	21:14	22:20	23:31

Data	Ingresso cono penombra	Ingresso cono ombra	Inizio eclissi totale	Massimo/ Tipo	Fine eclissi totale	Uscita cono ombra	Uscita cono penombra
21 /1/2019	02:35	03:34	04:41	05:12/totale	05:44	06:51	07:50
16 /7/2019	18:42	20:01	-	21:31/parziale	-	23:00	00:20
10/1/2020	17:06	-	-	19:10/penombra-parziale	-	-	21:15
5/6/2020	17:44	-	-	19:25/penombra-parziale	-	-	21:07
5/7/2020	03:04	-	-	04:30/penombra-parziale	-	-	05:56
30/11/2020	07:30	-	-	09:43/penombra-parziale	-	-	11:56

1.8 Le maree

La forza gravitazionale che lega Terra e Luna provoca tra le altre cose il fenomeno delle maree. L'attrazione della Luna è più forte sulla faccia della Terra ad essa più vicina, ed è più debole sulla faccia opposta. Gli oceani terrestri vengono quindi "stirati" in direzione della Luna, formando due rigonfiamenti, uno verso la Luna, l'altro in direzione opposta, che si spostano sulla superficie della Terra a causa della sua rotazione. L'effetto è molto più evidente nell'acqua degli oceani che nella crosta solida e perciò i rigonfiamenti dell'acqua sono maggiori. E poiché la Terra ruota più velocemente rispetto al movimento della Luna lungo la sua orbita, i rigonfiamenti ruotano intorno alla Terra circa una volta al giorno, generando due alte maree al giorno. La Terra non essendo completamente fluida, la rotazione porta i rigonfiamenti a raggiungere leggermente in anticipo il punto situato direttamente sotto la Luna. Ciò significa che la forza tra la Terra e la Luna non è esattamente sulla linea che unisce i loro centri: questo produce una torsione sulla Terra e una forza di accelerazione sulla Luna. Da ciò deriva un trasferimento di energia rotazionale dalla Terra alla Luna, che rallenta la rotazione terrestre di circa 1,5 millisecondi al secolo e fa salire la Luna su un'orbita più alta di circa 3,8 centimetri all'anno. La natura asimmetrica di questa interazione gravitazionale è anche responsabile del fatto che la Luna ruota in maniera sincrona, cioè è bloccata in fase con la sua orbita, cosicché anche per questo motivo la luna mostra verso la Terra sempre la medesima faccia.

Classificazione delle maree:

- Maree lunari: quando l'innalzamento delle acque si verifica in direzione della Luna.
- Maree antilunari: sono quelle che si creano nella direzione opposta.
- Maree Equinoziali o Vive: nei periodi di Luna Piena o Nuova e quindi quando all'allineamento si aggiunge anche il sole.
- Maree di Quadrature o Morte: al primo o all'ultimo quarto, quindi quando la Terra la Luna e il Sole formano un angolo di 90°.

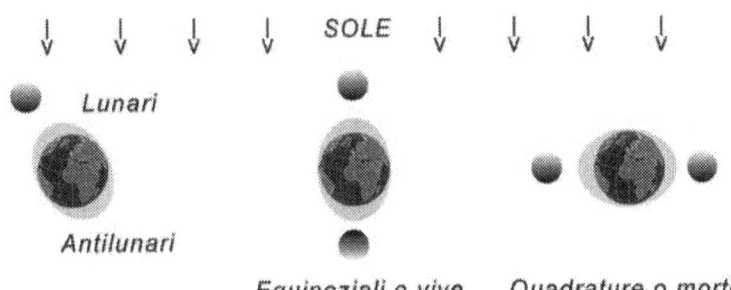

CAPITOLO 2
L'OSSERVAZIONE LUNARE

2.1 I telescopi e gli accessori per l'osservazione lunare

Come abbiamo detto, osservando la Luna già ad occhio nudo possiamo distinguere le zone chiare (Terrae) e le zone scura (Maria), e se si fa attenzione, in condizioni di trasparenza favorevole anche senza strumenti possiamo carpire qualche cratere di grosse dimensioni. Per poter osservare più da vicino la superficie lunare abbiamo bisogno dell'ausilio di strumenti ottici più o meno potenti. Il minimo strumento necessario risulta essere un buon binocolo (10x50), fino a telescopi con obiettivi di generose dimensioni.

Prima di affrontare argomenti riguardanti le caratteristiche dei telescopi più o meno sofisticati, è bene sapere che per quanto riguarda la Luna, la quale offre una tale quantità di luce rispetto a qualsiasi altro corpo celeste eccetto il sole, va bene qualsiasi tipo di telescopio già in possesso. Ovviamente se si hanno ambizioni di portare avanti discorsi più impegnativi atti allo studio sia della topografia lunare che di altre tematiche sempre in ambito lunare, allora vi è la necessità di corredarsi di un'attrezzatura che soddisfi le nostre esigente osservative. Telescopio e accessori quindi saranno scelti in base allo studio cui si vuole dedicare.

Ritengo comunque opportuno riportare una seppur breve descrizione delle caratteristiche e le sostanziali differenze tra i vari telescopi disponibili sul mercato attuale.

I telescopi astronomici sono strumenti ottici attraverso i quali è possibile esplorare il cielo. In pratica sono strumenti in grado di raccogliere molta più luce di quanto non possa fare l'occhio umano e quindi di rivelarci oggetti altrimenti invisibili a occhio nudo. Inoltre consentono un notevole ingrandimento dell'immagine, fattore determinante nell'osservazione dei corpi celesti e sopratutto per scorgere minuti dettagli della Luna.

Diversi produttori producono piccoli telescopi per uso amatoriale o per piccoli osservatori privati o gestiti da associazioni di gruppi astrofili: gli esemplari prodotti in serie e quindi più commerciali, hanno una qualità ottica inferiore, ma in compenso sono molto meno costosi dei più curati e prestigiosi strumenti costruiti artigianalmente. La "potenza" reale del telescopio è data dal suo obiettivo (più è grande, più raccoglie luce, e di conseguenza aumenta il suo potere risolutivo), mentre l'ingrandimento dipende solo dal rapporto della focale dell'obiettivo e quella dell'oculare. In altre parole, due telescopi di diametro diverso, ad esempio uno di 200 mm ed un altro di 100 mm, possono entrambi dare lo stesso ingrandimento, la differenza è che il telescopio dotato di un obiettivo più grande (200 mm), fornirà un'immagine generalmente migliore di quella data da uno più piccolo (100 mm).

Bisogna quindi fare molta attenzione ai limiti che può presentare un telescopio. Il fenomeno della diffrazione ottica pone un limite alla risoluzione che un telescopio può raggiungere. Si tratta in pratica dell'area effettiva del disco di Airy, che pone un limite a quanto vicini possono essere due dischi. Questo limite assoluto è chiamato limite di risoluzione di Sparrow, o più comunemente limite di diffrazione. Dipende dalla lunghezza d'onda della luce osservata e dal diametro del telescopio. Ciò significa che un telescopio di un certo diametro può risolvere fino ad un certo punto oggetti osservati in una certa lunghezza d'onda. Se si vuole una risoluzione maggiore alla stessa lunghezza d'onda, occorre usare un telescopio più grande. Esistono vari tipi di telescopi, diversi per schema ottico, prestazioni e prezzi, e quindi adatti ad un utilizzo sia professionale che amatoriale. Una prima classificazione dei telescopi può essere quella legata ai mezzi ottici utilizzati per la costruzione degli obiettivi: "lenti" o "specchi". I telescopi a lenti sono detti *rifrattori*, mentre quelli a specchio sono comunemente detti *riflettori*.

2.2 Telescopi rifrattori o a lente

La parte ottica di un telescopio rifrattore è costituita da un tubo lungo sulla cui estremità frontale è disposto un doppietto (due vetri ottici, o lenti, opportunamente lavorati spaziati in aria) chiamato obiettivo, che ha la funzione di raccogliere e di focalizzare la luce. Qui sotto ne vediamo raffigurato lo schema ottico.

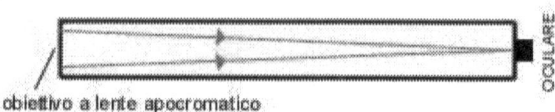

obiettivo a lente apocromatico

La luce raccolta dall'obiettivo viene focalizzata su un punto detto "fuoco", ove si trova anche il fuoco dell'oculare. Ed è proprio attraverso l'oculare che si osserva l'immagine inquadrata. A seconda della posizione occupata dall'oculare nel cammino ottico dei raggi luminosi, avremo rifrattori di tipo Kepleriano (i più diffusi) o Galileiano. L'obiettivo è composto da due lenti costruite con vetri di indice di rifrazione diverso, per ridurre l'aberrazione cromatica (rifrattore acromatico). Esistono anche dei rifrattori nei quali tale aberrazione è stata corretta in misura maggiore (rifrattori semi-apocromatici) e quelli costosissimi, nei quali il residuo di aberrazione cromatica è talmente basso da essere considerato praticamente nullo (rifrattori apocromatici). In questi ultimi, l'obiettivo può essere costituito da un doppietto o un tripletto di lenti con vetri a bassa dispersione e con trattamenti antiriflesso multistrato che garantiscono una elevatissima trasmissione dell'energia luminosa incidente.

I rifrattori sono caratterizzati da:

- elevata nitidezza e contrasto delle immagini;

- assenza di ostruzione;

- semplicità meccanica e affidabilità;

- tubo ottico chiuso (ridotta turbolenza interna e buona protezione);

- costo elevato a parità di apertura rispetto ad altri schemi;

- ingombro (lunghezza del tubo) elevato.

2.3 Telescopi riflettori o a specchio

Per quanto riguarda questo tipo di telescopi, bisogna fare delle distinzioni nelle loro "configurazioni" ottiche. Per configurazione ottica s'intende il particolare tipo di percorso che la radiazione luminosa compie in funzione delle superfici riflettenti (sferiche o piane che siano) e rifrangenti che incontra nel suo percorso. Diversamente dai rifrattori, qui le configurazioni ottiche sono diversissime e rispondono ciascuna alle diverse esigenze.

Configurazione Newtoniana
Il classico telescopio a specchi è il riflettore Newtoniano, che prende il nome dal suo inventore, Isaac Newton. Questi riflettori si avvalgono principalmente di uno specchio primario concavo che concentra il fascio ottico in avanti (questo specchio primario è inteso anche come obiettivo, dipende quindi dal suo diametro la risoluzione dell'immagine); poco prima del fuoco vi è posto un secondo specchio ellittico (piano), inclinato di 45 gradi che devia il fascio ottico a lato del tubo di supporto dove vi è il focheggiatore. Al fine di scongiurare la presenza di aberrazione sferica è necessario che la curvatura dello specchio primario abbia sezione parabolica e non sferica.

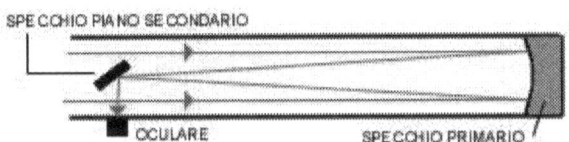

Lo specchietto secondario è sostenuto lungo il fascio ottico da una struttura a raggi denominata in gergo *crociera* o *spider* (ragno) il quale deve essere il meno intrusivo possibile per non causare luci diffuse e ostruzione.

I riflettori Newton sono caratterizzati da:

- buona correzione delle principali aberrazioni ottiche;

- buona nitidezza;

- ostruzione dovuta allo specchio secondario;

- possibilità di luce diffusa dovuta alla presenza di sostegni a crociera;

- grandi aperture relative (f / 4 - f / 8);

- tubo ottico aperto (non protetto dalla polvere e dall'ossidazione);

- costo contenuto a parità di apertura rispetto ad altri schemi;

- peso ed ingombro contenuto.

Configurazione Schmidt-Cassegrain
Esistono anche telescopi riflettori a schema misto, cioè non aperti ma chiusi da una lastra correttrice con superficie asferica posta davanti al tubo, la cui funzione oltre ad essere quella importantissima di sostenere lo specchio secondario, è anche quella di introdurre una quota di aberrazione sferica uguale alla stessa prodotta dall'ottica a riflessione ma di segno algebricamente opposto. La sezione di entrambi gli specchi invece è sferica. Questi telescopi sono denominati *"catadiottici"*.

Il più diffuso catadiottrico è senz'altro lo Schmidt-Cassegrain (SC), uno degli strumenti più usati fra gli osservatori lunari. Lo schema ottico è il seguente:

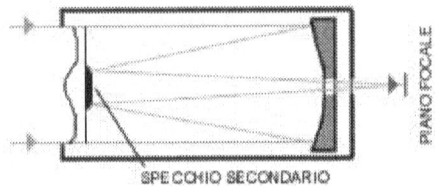

In quasi tutti i modelli commerciali la messa a fuoco viene ottenuta tramite lo spostamento assiale dello specchio primario, che provoca purtroppo vibrazioni (anche se con tempi di smorzamento piuttosto brevi) dell'immagine in fase di focheggiamento. Per questo motivo, i più esigenti applicano con successo un focheggiatore elettronico con movimenti più fluidi e vibrazioni ridotte al minimo. Il limite più rappresentativo di questo tipo di configurazione, è dato dalla notevole ostruzione causata dallo specchio secondario e dal relativo paraluce, la quale è direttamente responsabile di una certa perdita di contrasto dei dettagli più fini. Inoltre la correzione dell'aberrazione sferica , pur soddisfacente, difficilmente raggiunge la perfezione.

Gli Schmidt-Cassegrain sono quindi caratterizzati da:

- eccellente correzione delle principali aberrazioni ottiche;

- buona nitidezza;

- elevata ostruzione del secondario;

- grandi aperture relative (f / 6.3 - f / 10);

- tubo chiuso (bassa turbolenza interna e protezione delle ottiche);

- assenza di sostegni a crociera (migliore qualità dell'immagine);

- grandi aperture a costi ragionevoli;

- peso ed ingombro contenutissimi;

- tiraggio elevato;

41

- grande disponibilità di accessori;

- grande versatilità.

Configurazione Maksutow- Cassegrain

Un'altro tipo di telescopio catadiottrico è il Maksutov-Cassegrain, il cui principio è adottato anche in molti teleobiettivi per uso fotografico. Lo schema ottico è simile a quello dello Schmidt-Cassegrain, ma al posto della lastra correttrice ha una vera e propria lente a menisco, sulla cui superficie interna è ricavato per alluminatura lo specchio secondario. La lente a menisco deve avere uno spessore tale che la sua aberrazione sferica negativa, sommata a quella dello specchio secondario, compensi l'aberrazione sferica positiva del primario.

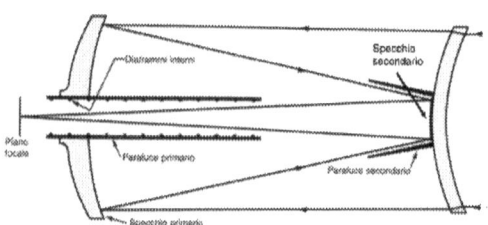

I Maksutov-Cassegrain sono caratterizzati da:

- ottima correzione delle principali aberrazioni, in particolare di quella cromatica;

- eccellente nitidezza;

- elevata lunghezza focale (forti ingrandimenti);

- ridotta ostruzione del secondario;

- aperture relative piccole (f / 15 - f / 20);

42

- tubo chiuso (bassa turbolenza interna e notevole durata delle ottiche);

- assenza di sostegni a crociera (migliore qualità dell'immagine);

- peso ed ingombro contenuti ;

- tiraggio elevato;

Altre configurazioni

Oltre alle configurazioni descritte ne esistono altre, più o meno complesse come ad esempio quella Ritchey-Chrétien :

Il Ritchey-Chrétien è un telescopio di tipo aplanatico, esente cioè da aberrazioni sferiche e di coma. E' composto da due specchi con superfici particolari e otticamente non usuali. Ha un campo normale utile tra 0,8 e 1,5 gradi. Richiede una lente detta spianatrice di campo. La tecnica, sofistica, del Ritchey-Chrétien è oggi assai usata specie in strumenti professionali per aerofotogrammetria e controllo del territorio. Con questa combinazione ottica sono stati costruiti grandi telescopi per osservatori astronomici professionali. Richiedono una gestione particolare e presentano generose dimensioni e peso. Per questo non sono presi in considerazione dai non professionisti.

2.4 La montatura

Un telescopio deve essere necessariamente corredato da una montatura. La montatura ha due funzioni primarie, e cioè quella di sostenere il telescopio e quella di permettere un buon inseguimento dell'oggetto che si sta osservando. Dal momento che la Terra ruota in senso antiorario da Ovest verso Est, la montatura (per annullare il moto apparente degli astri da Est verso Ovest) deve ruotare in senso orario allo stesso tasso di velocità della Terra: soddisfacendo questa condizione l'oggetto osservato rimarrà sempre, sino al suo tramonto, al centro del campo d'osservazione: cosiddetto moto di azimuth.
Una buona montatura deve soddisfare alcuni indispensabili requisiti, in particolare deve:

- essere molto rigida;
- essere esente da flessioni;
- poter ruotare dolcemente attorno ad assi al fine di puntare ed inseguire senza vibrazioni e con costante velocità l'oggetto mantenendolo il più possibile al centro del campo di osservazione;
- se motorizzata, l'elettronica e la meccanica devono essere in grado di puntare l'oggetto da osservare, annullando i residui errori strumentali e mantenendo l'oggetto permanentemente al centro del campo osservativo.

Le montature possono essere di tre tipi:

- La versione *altazimutale* è il più semplice tipo di montatura realizzabile. Essa permette al telescopio di muoversi lungo due assi principali perpendicolari fra loro, uno verticale (movimento in altezza) ed uno orizzontale (movimento in azimut). Un esempio tipico di montatura altazimutale è quello dei treppiedi per macchina fotografica. Questa montatura, avendo l'asse principale (azimut) perpendicolare al suolo,

Telescopio posto su una montatura altazimutale

origina il fenomeno della cosiddetta *rotazione di campo*, secondo il quale l'immagine risultante ruota ad una velocità dipendente dalla declinazione del corpo celeste osservato. In una montatura altazimutale sono dunque tre i *movimenti di rotazione*:

a) l'asse di azimut segue l'astro da Est ad Ovest;

b) l'asse di declinazione eleva il telescopio se l'oggetto osservato si trova ad Est del meridiano, lo *abbassa* se questo invece si trova ad Ovest;

c) la strumentazione posta al fuoco del telescopio (fotometro o spettrometro) ruota per annullare la rotazione di campo.

- La versione cosiddetta *dobsoniana*, dal nome del suo ideatore, l'americano Dobson, non è altro che una montatura altazimutale

Telescopio posto su una dobsoniana

costruita con materiali poveri: legno compensato e/o alluminio leggero, e talvolta addirittura cartone pressato. Anche se equipaggia a volte telescopi con specchi di generose dimensioni ed anche se molto in voga nel mondo amatoriale specie anglosassone, non è una montatura adatta ad osservazioni fotografiche, ma solo per osservazioni visuali, tranne che in alcuni casi dove si dispone di un sistema di motorizzazione (non sempre previsto). Inoltre le notevoli escursioni termiche cui danno luogo i materiali di ordine legnoso, e la fragilità dell'alluminio sottile, la rendono inadatta per qualsiasi proficua ricerca.

- Il tipo di montatura più adatto per riprese video o fotografia e quella equatoriale. Sebbene ve ne siano di diversi tipi, la più comune ed usata soprattutto in campo non professionale è quella di tipo *"alla tedesca"*. In questa montatura il telescopio è sempre posizionato da una parte, mentre dall'altra parte sono posti dei contrappesi che bilanciano il peso strumentale. E' strutturata con due assi di rotazione: asse di ascensione retta e asse di declinazione. Entrambi i movimenti possono essere sia manuali, che motorizzati. E' superfluo dire che per la fotografia è indispensabile la motorizzazione sui due assi.

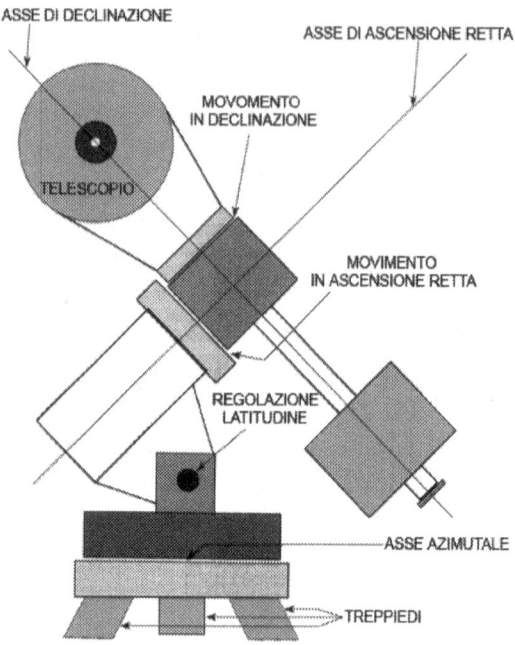

I MOVIMENTI DELLA MONTATURA ALLA TEDESCA

2.5 Gli accessori

Oltre al telescopio su una buona montatura, a seconda delle osservazioni che vogliamo fare, abbiamo bisogno di altri importanti accessori. Se è nostra intenzione fare osservazioni visuali, è d'obbligo arricchire il nostro corredo di accessori con dei buon oculari.

Un oculare è una lente o un gruppo di lenti (detto genericamente gruppo ottico) posto all'estremità visiva di un telescopio ed è posizionato nel punto focale dell'obiettivo, ed ha la funzione di ingrandire l'immagine catturata.

Telescopio posto su una montatura equatoriale alla tedesca

Esistono diversi schemi ottici per gli oculari, a partire dalla singola lente convergente, fino ad addirittura otto lenti in alcuni modelli dotati di un grande campo apparente (i cosiddetti *ultra-wide*). Per una conoscenza più appropriata si rimanda a bibliografia specifica.

La scelta dell'oculare è molto importante e per questo va studiata in base all'uso prefisso.

L'ingrandimento quindi dipende dall'oculare usato, più precisamente della lunghezza focale dell'oculare e dell'obiettivo usati. Nel caso di un telescopio, può essere calcolato con la formula:

$$I = fB / fO$$

dove:

I è l'ingrandimento angolare

fB è la lunghezza focale dell'obiettivo del telescopio

fO è la lunghezza focale dell'oculare, espressa nelle stesse unità di misura di fB.

Un oculare è progettato per la visione ad occhio nudo, anche se può essere usato in alcuni casi per la fotografia astronomica secondo una tecnica detta proiezione dall'oculare. Essa consiste nell'applicare una webcam completa del proprio obiettivo al fuoco dell'oculare avendo cura della perfetta ortogonalità dell'asse ottico compreso tra l'oculare e l'obiettivo della webcam. Questo è possibile tramite appositi raccordi. La tecnica della proiezione dall'oculare, anche se permette grandi ingrandimenti, è poco usata perché potrebbe facilmente soffrire di troppa luce diffusa a discapito della resa fotografica.

Se l'interesse principale è quello di fotografare la superficie lunare attraverso il telescopio, la tecnica più appropriata è quella della ripresa al fuoco diretto del telescopio. Dove l'immagine viene proiettata direttamente sul CCD presente sul piano focale del telescopio.

L'accessorio in questo caso può essere: una camera fotografica digitale o analogica, o un CCD astronomico oppure una webcam adattata per riprese telescopiche. Tralasciando la fotografia attraverso fotocamere sia tradizionali reflex che analogiche, in quanto quasi del tutto abbandonate in astronomia per la loro complessità di realizzazione e soprattutto per i lunghi tempi di attesa che richiede lo sviluppo delle pellicole nel caso delle reflex analogiche, prenderemo in considerazione le tecniche fotografiche attraverso riprese video digitali ad opera di CCD prettamente per uso astronomico, e le più comuni webcam appositamente trasformate e adattate con pochi sforzi ai fini astronomici. Queste ultime hanno ormai preso il sopravvento sui CCD (ancora molto costosi) soprattutto per il loro basso costo e l'estrema praticità. In entrambi i casi comunque, esse permettono di captare filmati anche di durata di svariati minuti e digitalizzabili attraverso appositi software che prima li memorizzano e poi permettono di sommare da poche decine fino a diverse migliaia di frames, con conseguente risultato di eliminare anche del tutto il rumore di fondo del segnale digitale.

Le webcam quindi offrono diversi vantaggi ed un giusto compromesso tra risultato e bassi costi, senza trascurare la praticità.

Tra i maggiori vantaggi si evidenziano:

- basso costo rispetto a CCD professionali;
- elevata praticità;

- facilità di connessione attraverso porte USB;
-semplicità nella modifica essenziale che consiste nel sostituire l'obiettivo della webcam con un raccordo a "barilotto" tramite filettatura;
- peso contenuto (al massimo qualche centinaio di grammi);
- elevata sensibilità (anche 0,01 lux).
- Ottimi programmi con licenze free (come Iris o Registrax), che permettono di riprendere con un frame rate anche di 30 fotogrammi al secondo e allo stesso tempo permettono di scegliere e sommare i migliori frame, e infine di elaborare l'immagine finale.

Tra le note negative invece si evidenziano:

-acquisizione di immagini a colori tramite un filtro Bayer a 24 bit (8 bit per i colori di base);
- dimensioni massime 640 x 480 pixel;
- sensori CCD non raffreddati, quindi non adatti a lunghe pose;
- basso frame-rate (massimo 30 frames al secondo);
- pochi modelli sul mercato che permettono di svitare l'obiettivo di serie.

Per aumentare la focale e di conseguenza gli ingrandimenti, è possibile applicare tra il telescopio e la webcam una lente Barlow che raddoppia o triplica, a seconda dei casi, la focale equivalente del sistema telescopio/webcam.
Ma aumentare gli ingrandimenti significa anche andare incontro a grossi problemi osservativi, come ad esempio l'aumento dell'effetto negativo della turbolenza atmosferica *(seeing)*. Inoltre vi è anche la possibilità di compromettere un buon inseguimento da parte della montatura se non si è provveduti ad un ottimo stazionamento, che se non si possiede una postazione osservativa permanente, ma occasionale di sera in sera, richiederebbe troppo tempo che sarebbe sottratto alla serata in termini osservazioni utili.

2.6 Il seeing

L'atmosfera, è soggetta a fastidiosi fenomeni come l'agitazione termica e la turbolenza dell'aria che causano continue e piccole variazioni irregolari nella direzione di un raggio luminoso che raggiunge l'obiettivo di un telescopio o l'occhio dell'osservatore. Queste variazioni sono di diversa entità a seconda della lunghezza d'onda e causano il caratteristico scintillio delle stelle. Sulla Luna il fenomeno si presenta come un incessante e rapido cambiamento di posizione e colore dell'immagine puntiforme come ad esempio un piccolo cratere o un qualsiasi altro particolare lunare. L'effetto cromatico è causato dal fatto che la rifrazione atmosferica e l'assorbimento variano con il colore della luce. L'immagine inoltre, presenta anche variazioni di dimensioni passando da un aspetto puntiforme a quello di una macchiolina che produce un effetto di falsa pulsazione.

Le rapide oscillazioni, che l'occhio umano non fa in tempo a seguire, unite alle distorsioni, contribuiscono ad accrescere le dimensioni apparenti dell'immagine di un piccolo particolare, effetto questo messo ancor più in evidenza nelle riprese fotografiche. E' evidente che la capacità di distinguere due punti vicinissimi tra di loro, e quindi anche particolari molto piccoli come ad esempio due o più craterini della superficie lunare molto vicini tra loro, dipende dal grado di seeing presente al momento dell'osservazione. Di conseguenza diventa di estrema importanza la collocazione del sito osservativo la quale dovrebbe in linea di massima soddisfare le seguenti quattro condizioni:

1 - maggior numero possibile di notti serene;

2 - favorevole regime di venti e di minima turbolenza atmosferica;

3 - altitudine sufficientemente elevata, al di sopra degli strati atmosferici più densi in cui ristagnano vapore d'acqua, fiumi e polveri di ogni genere;

4 - maggiore distanza possibile dai centri abitati e dai conseguenti disturbi causati dall'illuminazione artificiale.

Il grado di seeing, solitamente, viene espresso secondo i cinque gradi della scala "Antoniadi":

SEEING I	Eccezionale. Immagine perfetta e immobile. Tollerate lievi e rara ondulazioni che non pregiudicano la definizione anche dei particolari più piccoli.
SEEING II	Buono. Lunghi intervalli con immagine ferma, alternati a brevi momenti di leggero tremolio.
SEEING III	Medio. Immagine disturbata da tremolii, con alcuni momenti di calma.
SEEING IV	Cattivo. Immagine costantemente perturbata da persistenti tremolii.
SEEING V	Pessimo. Immagine molto perturbata da non permettere di eseguire uno schizzo approssimativo.

2.7 Glossario del telescopio:

ABERRAZIONI OTTICHE

Sono caratteristiche indesiderate dei mezzi ottici (lenti e specchi) che provocano deformazioni dell'immagine. Ne esistono di diversi tipi, ma qui ricordiamo le più importanti:

ABERRAZIONE SFERICA - è dovuta al fatto che i raggi che incidono su una lente (o su uno specchio) nei pressi del suo centro ottico (raggi parassiali) vengono focalizzati più lontani rispetto a quelli marginali. L'esistenza di infiniti fuochi fra quello marginale e parassiale provoca una sfocatura dell'immagine.

ABERRAZIONE CROMATICA - è dovuta al fatto che ogni vetro rifrange in modo diverso le diverse lunghezze d'onda che compongono la luce incidente. Ad esempio, le lunghezze d'onda del blu vengono focalizzate prima di quelle del rosso e ciò crea una fastidiosa alonatura iridescente sull'immagine. Gli specchi ne sono esenti, perchè riflettono la luce e non la rifrangono. Per ridurre tale aberrazione si usano vetri a bassa dispersione (ED) e/o combinazioni di lenti concave e convesse: le prime, infatti, sovracorreggono l'aberrazione e le ultime la sottocorregono.

COMA - Mentre le due aberrazioni precedenti si verificano lungo l'asse ottico (aberrazioni assiali), il coma si presenta al fuori di esso (aberrazione extrassiale). E' un'aberrazione simile a quella sferica, ma è dovuta alla diversa focalizzazione dei raggi paralleli che incidono obliquamente su una lente o su uno specchio. Ciò provoca una deformazione dell'immagine, che assume l'aspetto di una cometa (di qui il nome). Il coma è evidente soprattutto nei telescopi riflettori, e in particolar modo in prossimità del bordo del campo.

APERTURA E' il diametro dell'obbiettivo ed è anche la caratteristica più importante di un telescopio. Maggiore è l'apertura, maggiore sarà la luminosità (ovvero la capacità di catturare la luce), maggiore sarà il potere risolutivo (la capacità di distinguere i dettagli) e maggiore sarà il potere di ingrandimento.

APERTURA RELATIVA (f /) E' il rapporto tra la lunghezza focale del telescopio e il suo diametro.

COLLIMAZIONE E' l'allineamento degli elementi ottici del telescopio su un unico asse (asse ottico).

GUDAGNO DI LUMINOSITA' E' il rapporto fra il diametro dell'obiettivo e la pupilla dell'occhio elevato al quadrato

INGRANDIMENTO E' il fattore che definisce quante volte un oggetto viene visto più grande (o più vicino). Si calcola dividendo la focale dell'obiettivo per quella dell'oculare. Se ad esempio si monta un oculare da 5 mm su un telescopio di 2000 mm focale, l'ingrandimento ottenuto sarà pari a 400 volte (400 x).

LUNGHEZZA FOCALE E' la distanza che intercorre tra la lente (o lo specchio) e il fuoco che essa genera. E' un parametro molto importante nella scelta di un telescopio, che influenza il potere di ingrandimento.

OSTRUZIONE E OTTURAZIONE Nei telescopi a specchi, è il rapporto tra il diametro del secondario e quello del primario.

POTERE RISOLUTIVO E' la capacità di un obiettivo di distinguere i particolari di un'immagine. Si calcola approssimativamente applicando la formula di Dawes:

Pr = 120 / D (mm)

dove D = diametro dell'obiettivo

PUPILLA D'USCITA E' il rapporto tra il diametro dell'obiettivo e l'ingrandimento.

TRATTAMENTO ANTIRIFLESSO E' un trattamento che si esegue sulle lenti per aumentarne la trasmittanza, ovvero la quantità di radiazione che le può attraversare senza essere riflessa dalle superfici del vetro. Si ottengono per deposizione sotto vuoto spinto di strati di ossidi metallici. Possono essere monostrato (in questo caso la trasmittanza non supera il 96-98%) o multistrato (SMC). Questi ultimi sono molto più costosi ma la trasmittanza raggiunge valori superiori al 99%.

2.8 Le coordinate selenografiche

Le coordinate selenografiche sono la latitudine e la longitudine del centro del disco lunare visto da terra, e indicano il posizionamento di una qualsiasi formazione (cratere, montagna ecc…) sul globo lunare. Secondo la convenzione dell'International Astronomical Union (IAU), l'est selenografico è inteso dal lato del Mare Crisium e l'ovest dal lato dell'Oceanus Procellarum, ovvero in direzione opposta all'est e all'ovest del cielo terrestre. Il punto medio centrale del disco lunare, viene definito come il punto di intersezione sulla superficie lunare della retta che congiunge i centri della Terra e della Luna, quando quest'ultima si trova al nodo medio ascendente e tale nodo coincide con il perigeo o apogeo medio.

Longitudine selenografia: viene indicata con il simbolo (λ) ed è la distanza angolare di un punto della superficie lunare, misurata lungo il parallelo passante sul punto, a partire dal meridiano centrale lunare di longitudine 0°. La longitudine selenografica aumenta verso Est ed è +90° al lembo Est del disco lunare, mentre al lembo Ovest è di -90°. Di conseguenza è di 180° nella posizione opposta alla Terra, e arriva a 360° (equivalente a 0°) al meridiano centrale.

Latitudine selenografia: viene indicata con il simbolo (β) ed è la distanza angolare di un punto della superficie lunare, misurata lungo il meridiano passante per il punto, a partire dall'equatore lunare di latitudine 0°.
 La latitudine selenografica è positiva verso Nord e negativa verso Sud.

Colongitudine selenografia del sole: è la longitudine selenografica del terminatore dell'alba lunare, misurata a partire dal meridiano centrale verso Ovest, da 0° a 360°. I valori della colongitudine servono per determinare le posizioni di formazioni lunari su cui il sole sorge o tramonta. La colongitudine è 270° a Luna Nuova, 360° o 0° al Primo Quarto, 90° a Luna Piena, 180° a Ultimo Quarto. A causa della librazione in longitudine questi valori sono soggetti a veriazioni, a parità di fase, fino a oltre 7°.

CAPITOLO 3
LE FORMAZIONI LUNARI

3.1 La cartografia lunare

La prima cosa che occorre ad un osservatore lunare, è un buon atlante o una carta lunare che riporti almeno le principali formazioni presenti sull'emisfero visibile, in modo da potersi orientare correttamente durante l'osservazione.

Risalgono a Galileo le prime conoscenze scientifiche della superficie lunare. Egli nel 1609, nel *Sidereum Nuncius*, descrisse molte particolarità morfologiche, fornendo alcuni espressivi disegni da'assieme. La toponomastica deriva in gran parte dal nostro G.B. Riccioli, che arricchì le precedenti ricerche di G. Hevelius (*Seleno-graphia sive Lunare descriptio*, 1667), completandole. In pratica dal sec. XVIII le carte della Luna possono ritenersi soddisfacenti per precisione e abbondanza di particolari. Sostituite poi dalle fotografie d'assieme e parziali da parte degli osservatori astronomici, le carte si sono moltiplicate dando luogo a grandi atlanti.

La nomenclatura delle formazioni lunari utilizzata attualmente risale alla carta lunare di Giovanni Battista Riccioli del 1651 disegnata con la collaborazione di Francesco Grimaldi, dove attribuirono i nomi di personaggi più antichi e quelli della mitologia greca ai crateri dell'emisfero nord visibile, e i nomi degli studiosi rinascimentali ai crateri dell'emisfero sud visibile da Terra. In questo modo nominarono oltre 300 crateri. Questa carta rimase invariata fino al 1775, quando Christian Mayer pubblicò una carta lunare approfondita in seguito nel 1779 da Schrorter. Nacque così la "selenografia": ovvero la ricerca cartografica della superficie lunare. Successivamente, agli inizi del XX secolo Philipp Fauth elaborò una mappa di ben 3,5 metri. Tutte queste mappe, però, furono elaborate con la tecnica del disegno e mediante osservazioni visuali, e quindi limitate a causa anche della disponibilità dei strumenti di allora. Tra i più importanti atlanti disegnati, vi è quello di Antonín Rükl, ancora oggi commercializzato ed utilizzato da molti osservatori lunari.

Il primo atlante fotografico della Luna invece, risale al 1897 per opera di Loewy e Puiseux.

Grazie alle testimonianze fotografiche tramite le sonde spedite da importanti spedizioni lunari nell'ultimo decennio sono state elaborate dettagliatissime mappe lunari dall'US Air Force Map in 84 fogli con scala 1 : 1.000.000, e quelle delle missioni Apollo con scale 1 : 100.000, e in alcune zone, fino a 1 : 25.000.

Con l'avanzare della tecnologia nel campo ottico quindi, siamo oggi coscienti di quanto possa offrirci il suolo lunare durante una osservazione telescopica.

Oltre ai crateri, infatti sul nostro satellite si distinguono altre formazioni di notevole importanza come faglie e dorsali lunghe spesso decine o addirittura centinaia di chilometri, cioè fratture o rigonfiamenti della crosta con scorrimento di masse rocciose in senso verticale e orizzontale, formate forse durante il raffreddamento della crosta lunare. Inoltre vi si trovano formazioni vulcaniche di vario tipo e vere e proprie catene montuose che in genere costituiscono le pareti dei mari, formate per accumulo di materiale ai bordi dall'impatto di grossi meteoriti. Le cime più elevate raggiungono i 9000 metri di altezza.

3.2 I crateri da impatto

Come abbiamo visto, già le prime osservazioni con rudimentali telescopi a lente singola e con rapporti focali lunghissimi, si evidenziavano le strutture più grossolane quali: grossi bacini, crateri più o meno grandi, lunghe catene montuose. E tra i primi importanti personaggi che offrirono una cartografia molto dettagliata della Luna, fu Schroeter, che nonostante la validità di tale lavoro, egli non fu in grado di spiegare la vera natura delle strutture osservate. A tal proposito vi erano diverse teorie sulla formazione di queste strutture. Osservando la forma dei crateri lunari, si pensò in un primo momento ad un modello di vulcano a fontana, in analogia con quelli terrestri. Tale modello era compatibile sia con la presenza del circo esterno dovuta al deposito di magma e detriti scagliati dal cono eruttivo centrale a in tutte le direzioni, sia con la presenza di un picco centrale presente nella stragrande maggioranza dei crateri, che era appunto quello che rimaneva del cono eruttivo. Tale teoria però venne subito smontata da alcune considerazioni circa le dimensioni dei circhi esterni che in taluni casi mostravano un diametro di svariate decine o addirittura centinaia di chilometri. Inoltre considerando il modello di formazione del sistema solare elaborato da Kant e Laplace, secondo cui la Luna come gran parte dei corpi celesti, all'inizio sarebbe stato un corpo prima caldo e poi raffreddatosi progressivamente, con conseguente formazione di una crosta fredda e rigida a tratti interrotta da emissioni vulcaniche e da fratture e corrugamenti dovuti alla contrazione del residuo nucleo ancora caldo, e attribuendo alla Luna la stessa età della Terra, non si spiegava una tale concentrazione di crateri sulla Luna, visto che essi mancavano sulla superficie terrestre. Solo verso la fine dell'ottocento si è avuta la quasi certezza della presenza di crateri da impatto anche sul nostro pianeta, grazie allo studio condotto da Gilbert, del *Meteor Crater* in Arizona. Gilbert in primo luogo potè stabilire la natura non vulcanica di tale cratere grazie alla scoperta della presenza di ferro nel terreno peraltro di natura sedimentaria. In seguito a questo studio, Gilbert notò una forte analogia tra il *Meteor Crater* terrestre e la stragrande maggioranza dei crateri lunari, e nel contempo fece notare la sostanziale differenza tra i crateri lunari con quelli terrestri di natura vulcanica. Spiegò inoltre la formazione del picco centrale dei crateri lunari supponendo una risposta elastica del suolo in seguito ad impatto.

Successivi studi che portarono la conoscenza sulla mancanza di una vera e propria atmosfera sulla Luna, e la consapevolezza dell'azione frenante e di attrito che offre l'atmosfera terrestre alle meteoriti che la colpiscono, fecero accrescere prima la convinzione e poi la certezza sulla craterizzazione da impatto sulla superficie lunare.

Oggi sappiamo che la craterizzazione da impatto è un fenomeno che riguarda tutti i corpi celesti del sistema solare dotati di una superficie solida. Così anche la luna è stata in passato più che oggi oggetto di violente collisioni con meteoriti, comete ed altri corpi minori vaganti nello spazio. Sull'emisfero visibile da terra si contano oltre 300 000 crateri con diametro maggiore di 1 chilometri, e 234 con diametro maggiore di 100 chilometri.

L'impatto tra meteorite e superficie planetaria è un fenomeno che libera una grandissima quantità di energia in brevissimo tempo. Per uno studio più sistematico del fenomeno della craterizzazione è possibile dividere tale fenomeno in tre fasi:

Compressione: i due oggetti entrano in contatto e l'enorme pressione innalza la temperatura a valori che fondono il materiale sia del suolo del pianeta che del meteorite. Tale materiale inizia ad uscire lateralmente dalla zona d'impatto come un getto a velocità dell'ordine di chilometri al secondo ricadendo nella zona circostante.

Scavo: il meteorite viene completamente inglobato dal suolo del pianeta ed inizia l'espansione laterale del terreno che viene altamente compresso. In questa fase si evidenziano i rialzamenti ai bordi del cratere. La struttura interna dei bordi preserva il ribaltamento degli strati geologi causati dall'espansione provocata dalla fase precedente della compressione.

Modificazione: quando la pressione e la temperatura sono ritornati ai valori di preimpatto i materiali deformati franano verso il centro del cratere. Nei crateri di maggiori dimensioni (oltre i 150 km di diametro) si riscontrano assestamenti causati dalla variazione di carico (bradisismi) sugli strati più profondi. A più lungo termine, ossia migliaia o milioni di anni dopo l'impatto, gli agenti eolici, idrici e/o terremoti possono deformare ulteriormente la struttura del cratere fino a quasi farne sparire le tracce o riempirne lo scavo.

Per i crateri da impatto, M.R. Dance nel 1965 ne classificò due categorie: 1) crateri *semplici* da impatto; 2) crateri *complessi* da impatto. Sebbene tale classificazione fa riferimento ai crateri terrestri esposti alla forte erosione dell'atmosfera, essa risulta applicabile anche ai crateri di tutti gli altri corpi celesti del Sistema Solare, compresa la Luna.

-1) *crateri semplici:* E' intuibile dalla denominazione stessa, che si tratta di una tipologia di crateri molto semplice, sono relativamente piccoli e con il fondo arrotondato; la loro profondità è 5-7 volte inferiore al diametro. La loro morfologia è piuttosto stabile, tranne per qualche episodio franoso che riguarda le pareti del cratere stesso. La stragrande maggioranza dei crateri rinvenuti su piccoli corpi come gli asteroidi o i satelliti minori sono di questo tipo. Sulla Luna rappresentano la maggior parte di crateri da impatto con meno di 15 chilometri di diametro. Sul fondo dei crateri semplici, almeno per quanto riguarda quelli terrestri, vi è uno strato di rocce tipo breccia di forma lenticolare (*lente di breccia*). All'interno di queste brecce vi è presente roccia fusa, la quale fa pensare che la lente si sia creata a causa del collasso delle pareti del cratere transitorio subito dopo la sua formazione.

-2) *cratere complessi:* sono crateri più larghi nei quali l'impatto ha fuso completamente il terreno formando strutture centrali tipo picchi o anelli, con una sezione a forma di "goccia d'acqua". Il rapporto tra profondità e diametro è in questo caso di 1:10 - 1:20. L'altura centrale è causata dal "rimbalzo" del terreno dopo l'impatto. È simile alle strutture create dalla caduta di una goccia d'acqua, come si vede in molti video al rallentatore, ma bloccata nel movimento quando la roccia fusa si è raffreddata e solidificata subito dopo l'impatto.

In ogni caso, la grandezza del cratere dipende dalla massa del meteorite impattante, dalla sua velocità e dal materiale da cui è composto il terreno. Materiali relativamente "morbidi" portano a crateri più piccoli. A parità di materiale, il volume scavato da un meteorite è proporzionale alla sua energia cinetica.

Il marchio inconfondibile di un impatto è la presenza di roccia che ha subito una metamorfosi da shock, identificate da tipiche fratturazioni o modifiche nel reticolo cristallino nei minerali. Il problema nella loro identificazione è che questi materiali vengono seppelliti a causa della dinamica dell'impatto, almeno nei crateri semplici. In quelli complessi invece possono essere trovati nel rialzo centrale.

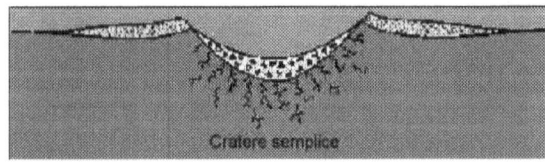 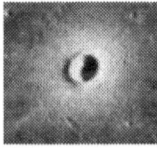

A sinistra: sezione di un cratere semplice; a destra un cratere semplice lunare (Linnè).

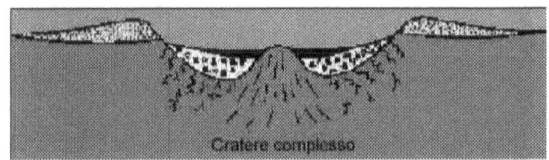 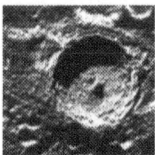

A sinistra: sezione di un cratere complesso; a destra un cratere complesso lunare (Tycho).

Alcuni crateri complessi in seguito alla fratturazione della crosta lunare, sono riempiti dalla lava risalita dalla frattura fino a sommergere il picco centrale e l'anello di montagne situate più all'interno, creando così una struttura dal fondo liscio circondata dal solo bordo esterno del cratere. Un cratere di questo tipo si chiama *circo*.
Alcuni crateri invece nel corso del tempo possono essere stati cancellati del tutto o parzialmente, ad opera dell'erosione dovuta ai numerosi e continui bombardamenti da parte di piccoli meteoriti, o meglio, della formazione di altri crateri con nuovi impatti nella medesima posizione, o anche sommersi dal magma fuoriuscito da grossi bacini divenuti maria o lacus, mostrando quindi solo le pendici più elevate delle loro pareti. Non è raro osservare questo tipo di crateri sul suolo lunare, essi sono comunemente detti *crateri fantasma (ghost ring)*.

*Il grande circo Plato
con fondo riempito di magma*

*Il cratere Aristarchus, altro grande
cratere riempito*

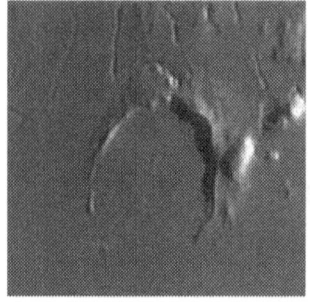

Il cratere semisommerso Prinz

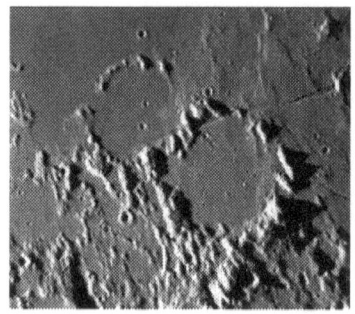

*Reumer e oppolzer, altri due crateri
sommersi parzialmente*

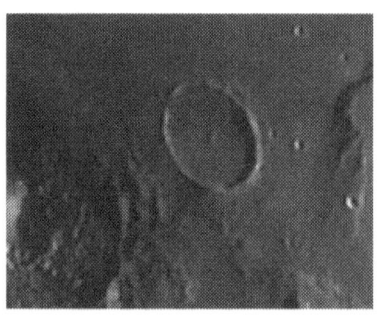

Un esempio di cratere fantasma

*Un altro bacino riempito da magma con
all'interrno strutture semisommerse*

Ecco di seguito un elenco di crateri lunari:

Dati da U.S.Geological Survey

NOME	LONG.	LAT.	DIAM. KM	ORIGINE DEL NOME
Abbe	-57.3	175.2	66	Ernst Karl; German optician, physicist, astronomer (1840-1905).
Abbot	5.6	54.8	10	Charles Greeley; American astrophysicist (1872-1973).
Abduh	14.7	39	9	Mohammed; Egyptian writer (1849-1905).
Abel	-34.5	87.3	122	Niels Henrik; Norwegian mathematician (1802-1829).
Abenezra	-21	11.9	42	Abraham ben Meir Ibn Ezra; Spanish mathematician, astronomer (1092-1164/1167).
Abetti	20.1	27.8	1.5	Antonio; Italian astronomer (1846-1928); Georgio; Italian astronomer (1882-1982).
Abul Wáfa	1	116.6	55	Abū al-Wafā al-Būzajāni; Persian mathematician, astronomer (940-998).
Abulfeda	-13.8	13.9	65	Ismail Ibn Abū al-Fidā; Syrian geographer (1273-1331).
Acosta	-5.6	60.1	13	Cristobal; Portuguese doctor, natural historian (1515-1580).
Adams	-31.9	68.2	66	John Couch; British astronomer (1819-1892); Charles Hitchcock; American astronomer (1868-1951); Walter Sydney; American astronomer (1876-1956).
Agatharchides	-19.8	-30.9	48	Agatharchides of Cnidos; Greek geographer (c. 116 B.C.).
Agrippa	4.1	10.5	44	Greek astronomer (unkn-fl. A.D. 92).
Airy	-18.1	5.7	36	George Biddell; British astronomer (1801-1892).
Aitken	-16.8	173.4	135	Robert Grant; American astronomer (1864-1951).
Akis	20	-31.8	2	Greek female name.
Al-Bakri	14.3	20.2	12	Abū Ubayd Abdallāh Ibn abd al-Azīz Ibn Muhammad; Spanish-Arab geographer (1010-1094).
Al-Biruni	17.9	92.5	77	Abū ar-Rayhān Muhammad ibn Ahmad al-Birūnī; Persian astronomer, mathematician, geographer (973-1048).
Al-Khwarizmi	7.1	106.4	65	Iraqi mathematician (unkn-c. 825).
Al-Marrakushi	-10.4	55.8	8	Abū `Ali al-Hasan Ibn `Ali al-Marrakushi; Moroccan astronomer, mathematician (fl. c. A.D. 1281/1282).
Alan	-10.9	-6.1	2	Irish male name.
Albategnius	-11.7	4.3	114	Muhammed Ben Geber Al-Battānī; Arab astronomer, mathematician (c. 858-929).

NOME	LONG.	LAT.	DIAM. KM	ORIGINE DEL NOME
Alden	-23.6	110.8	104	Harold Lee; American astronomer (1890-1964).
Alder	-48.6	-177.4	77	Kurt; German organic chemist; Nobel laureate (1902-1958).
Aldrin	1.4	22.1	3	Edwin Eugene, Jr. ("Buzz"); American astronaut (1930-Live).
Alekhin	-68.2	-131.3	70	Nikolaj P.; Soviet rocket designer, engineer (1913-1964).
Alexander	40.3	13.5	81	Alexander the Great, of Macedon; Greek geographer (356-323 B.C.).
Alfraganus	-5.4	19	20	Al-Fargani, Abu'l-'Abbās Ahmad Ibn Muhammad Ibn Kathīr; Persian astronomer (unkn-c. 840).
Alhazen	15.9	71.8	32	Abū Ali Al-Hasan Ibn Al Haitham; Iraqi mathematician (987-1038).
Aliacensis	-30.6	5.2	79	D'Ailly, Pierre; French geographer (1350-1420).
Almanon	-16.8	15.2	49	Abdalla Al Mamun; Persian astronomer (786-833).
Aloha	29.8	-53.9	3	Hawaiian greeting.
Alpetragius	-16	-4.5	39	Al-Bitrūjī Al-Ishbīlī, Abū Ishāq; Spanish astronomer (unkn-c. 1100).
Alphonsus	-13.7	-3.2	108	Alfonso X (El Sabio); Spanish astronomer (1221-1284).
Alter	18.7	-107.5	64	Dinsmore; American astronomer, meteorologist (1888-1968).
Ameghino	3.3	57	9	Fiorino (or Florentino); Argentine paleontologist and anthropologist (1854-1911).
Amici	-9.9	-172.1	54	Giovanni Battista; Italian astronomer, optician (1786-1863).
Ammonius	-8.5	-0.8	8	Greek philosopher (unkn.-c. A.D. 517-526).
Amontons	-5.3	46.8	2	Guillaume; French physicist (1663-1705).
Amundsen	-84.3	85.6	101	Roald Engelbregt Gravning; Norwegian explorer (1872-1928).
Anaxagoras	73.4	-10.1	50	Greek astronomer (500-428 B.C.).
Anaximander	66.9	-51.3	67	Greek astronomer (c. 611-547 B.C.).
Anaximenes	72.5	-44.5	80	Greek astronomer (585-528 B.C.).
Anděl	-10.4	12.4	35	Karel; Czechoslovakian astronomer (1884-1948).
Anders	-41.3	-142.9	40	William Alison; American astronaut (1933-Live).
Anderson	15.8	171.1	109	John August; American astronomer (1876-1959).
Andersson	-49.7	-95.3	13	Leif Erland; American astronomer (1943-1979).
Andronov	-22.7	146.1	16	Aleksandr Aleksandrovich; Soviet physicist (1901-1952).
Ango	20.5	-32.3	1	African male name.
Angström	29.9	-41.6	9	Anders Jonas; Swedish physicist (1814-1874).
Ann	25.1	-0.1	3	Hebrew female name.

NOME	LONG.	LAT.	DIAM. KM	ORIGINE DEL NOME
Annegrit	29.4	-25.6	1	German female name.
Ansgarius	-12.7	79.7	94	St. Ansgar; German theologian (801-864).
Antoniadi	-69.7	-172	143	Eugène Marie; Turkish-born French astronomer (1870-1944).
Anuchin	-49	101.3	57	Dimitrii Nikolaevich; Russian geographer (1843-1923).
Anville	1.9	49.5	10	Jean-Baptiste Bourguignon; French cartographer (1697-1782).
Apianus	-26.9	7.9	63	Bienewitz, Peter; German mathematician, astronomer (1495-1552).
Apollo	-36.1	-151.8	537	Named to honor Apollo missions.
Apollonius	4.5	61.1	53	Apollonius of Perga; Greek mathematician (c. 262-190 B.C.).
Appleton	37.2	158.3	63	Sir Edward Victor; British physicist; Nobel laureate (1892-1965).
Arago	6.2	21.4	26	Dominique Francois Jean; French astronomer (1786-1853).
Aratus	23.6	4.5	10	Aratus of Soli; Greek astronomer (c. 310-240/239 B.C.).
Archimedes	29.7	-4	82	Greek physicist, mathematician (c. 287-212 B.C.).
Archytas	58.7	5	31	Greek mathematician (428-347 B.C. ?).
Argelander	-16.5	5.8	34	Friedrich Wilhelm August; German astronomer (1799-1875).
Ariadaeus	4.6	17.3	11	Philip III of Macedonia; chronologer (c. 358-317 B.C.).
Ariosto	-3.6	95.6	23	Ludovico; Italian writer (1474-1533).
Aristarchus	23.7	-47.4	40	Greek astronomer (310-230 B.C. ?).
Aristillus	33.9	1.2	55	Greek astronomer (fl. c. 280 B.C.).
Aristoteles	50.2	17.4	87	Greek astronomer, philosopher (383-322 B.C.).
Armiński	-16.4	154.2	26	Franciszek; Polish astronomer (1789-1848). (Spelling changed from Armínski.)
Armstrong	1.4	25	4	Neil Alden; American astronaut (1930-Live).
Arnold	66.8	35.9	94	Christoph; German astronomer (1650-1695).
Arrhenius	-55.6	-91.3	40	Svante August; Swedish chemist; Nobel laureate (1859-1927).
Artamonov	25.5	103.5	60	Nikolaj N.; Soviet rocket scientist (1906-1965).
Artem'ev	10.8	-144.4	67	Vladimir Andreevich; Soviet rocket scientist (1885-1962).
Artemis	25	-25.4	2	Greek Moon goddess.
Artsimovich	27.6	-36.6	8	Lev Andreevich; Soviet physicist (1909-1973).
Aryabhata	6.2	35.1	22	Aryabhata I; Indian astronomer, mathematician (476-c.550).
Arzachel	-18.2	-1.9	96	Al-Zarqālī; Spanish-Arabic astronomer (died 1100).

NOME	LONG.	LAT.	DIAM. KM	ORIGINE DEL NOME
Asada	7.3	49.9	12	Goryu; Japanese astronomer (1734-1799).
Asclepi	-55.1	25.4	42	Giuseppe Maria; Italian astronomer (1706-1776).
Ashbrook	-81.4	-112.5	156	Joseph; American astronomer (1918-1980).
Aston	32.9	-87.7	43	Francis William; British chemist, physicist; Nobel laureate (1877-1945).
Atlas	46.7	44.4	87	Mythological Greek Titan.
Atwood	-5.8	57.7	29	George; British mathematician, physicist (1746-1807).
Austen	-9	0	28	Jane; British author (1775-1817).
Autolycus	30.7	1.5	39	Autolycus of Pitane; Greek astronomer (fl. c. 310 B.C.).
Auwers	15.1	17.2	20	Georg Friedrich Julius Arthur; German astronomer (1838-1915).
Auzout	10.3	64.1	32	Adrien; French astronomer, physicist (1622-1691).
Avery	-1.4	81.4	9	Oswald Theodore; Canadian doctor (1877-1955).
Avicenna	39.7	-97.2	74	Abu Ali Al-Hussein Ibn Abdallah; Persian doctor (980-1037).
Avogadro	63.1	164.9	139	Amedeo (Conte Di Quarengna); Italian physicist (1776-1856).
Azophi	-22.1	12.7	47	Al-Sufi, Abderrahman; Persian astronomer (903-986).
Baade	-44.8	-81.8	55	Wilhelm Heinrich Walter; American astronomer (1893-1960).
Babakin	-20.8	123.3	20	Georgii Nikolaevich; Soviet space scientist (1914-1971).
Babbage	59.7	-57.1	143	Charles; British mathematician (1792-1871).
Babcock	4.2	93.9	99	Harold Delos; American astronomer, physicist (1882-1968).
Back	1.1	80.7	35	Ernst Emil Alexander; German physicist (1881-1959).
Backlund	-16	103	75	Jöns Oskar; Russian astronomer (1846-1916).
Baco	-51	19.1	69	Roger; British natural philosopher, optician (c. 1214-c. 1294).
Baillaud	74.6	37.5	89	(Édouard) Benjamin; French astronomer (1848-1934).
Bailly	-66.5	-69.1	287	Jean Sylvain; French astronomer (1736-1793).
Baily	49.7	30.4	26	Francis; British astronomer (1774-1844).
Balandin	-18.9	152.6	12	Aleksey Aleksandrovich; Soviet chemist (1898-1967).
Balboa	19.1	-83.2	69	Vasco Nuñez de; Spanish explorer (1475-1519).
Baldet	-53.3	-151.1	55	Francois; French astronomer (1885-1964).
Ball	-35.9	-8.4	41	William; British astronomer (unkn-1690).

NOME	LONG.	LAT.	DIAM. KM	ORIGINE DEL NOME
Balmer	-20.3	69.8	138	Johann Jakob; Swiss mathematician, physician (1825-1898).
Balzac	-8	95	39	Honore de; French author (1799-1850).
Banachiewicz	5.2	80.1	92	Tadeusz; Polish astronomer, mathematician (1882-1954).
Bancroft	28	-6.4	13	Wilder Dwight; American chemist (1867-1953).
Banting	26.6	16.4	5	Sir Frederick Grant; Canadian doctor; Nobel laureate (1891-1941).
Barbier	-23.8	157.9	66	Daniel; French astronomer (1907-1965).
Barkla	-10.7	67.2	42	Charles Glover; British physicist; Nobel laureate (1877-1944).
Barnard	-29.5	85.6	105	Edward Emerson; American astronomer (1857-1923).
Barocius	-44.9	16.8	82	Francesco; Italian mathematician (1537-1604).
Barringer	-28	-149.7	68	Daniel Moreau; American engineer, geologist (1860-1929).
Barrow	71.3	7.7	92	Isaac; British mathematician (1630-1677).
Bartels	24.5	-89.8	55	Julius; German geophysicist (1899-1964).
Baudelaire	-23.2	123.1	15	Pierre Charles; French poet (1821-1867).
Bawa	-25.3	102.6	1	African male name.
Bayer	-51.6	-35	47	Johann; German astronomer (1572-1625).
Beals	37.3	86.5	48	Carlyle Smith; Canadian astronomer (1899-1979).
Beaumont	-18	28.8	53	Jean-Baptiste-Armand-Louis-Léonce Élie de; French geologist (1798-1874).
Becquerel	40.7	129.7	65	Antoine-Henri; French physicist; Nobel laureate (1852-1908).
Becvár	-1.9	125.2	67	Antonin; Czechoslovakian astronomer (1901-1965).
Beer	27.1	-9.1	9	Wilhelm; German astronomer (1797-1850).
Behaim	-16.5	79.4	55	Martin; German navigator, cartographer (1459-1507).
Beijerinck	-13.5	151.8	70	Martinus Willem; Dutch botanist (1851-1931).
Beketov	16.3	29.2	8	Nikolai Nikolaevich; Russian chemist (1827-1911).
Bel'kovich	61.1	90.2	214	Igor V.; Soviet astronomer (1904-1949).
Béla	24.7	2.3	11	Slavic female name.
Bell	21.8	-96.4	86	Alexander Graham; Scottish-American inventor (1847-1922).
Bellinsgauzen (Bellingshausen)	-60.6	-164.6	63	Faddei Faddeevich; Russian explorer (1778-1852).
Bellot	-12.4	48.2	17	Joseph Rene; French explorer (1826-1853).

NOME	LONG.	LAT.	DIAM. KM	ORIGINE DEL NOME
Belopol'skiy	-17.2	-128.1	59	Aristarch Apollonovich; Russian astronomer (1854-1934).
Belyaev	23.3	143.5	54	Pavel Ivanovich; Soviet cosmonaut (1925-1970).
Benedict	4.4	141.5	14	Francis Gano; American chemist, physiologist (1870-1957).
Bergman	7	137.5	21	Torbern Olof; Swedish chemist, mineralogist, astronomer (1735-1784).
Bergstrand	-18.8	176.3	43	Carl Östen Emanuel; Swedish astronomer (1873-1948).
Berkner	25.2	-105.2	86	Lloyd Viel; American geophysicist (1905-1967).
Berlage	-63.2	-162.8	92	Hendrik Petrus; Dutch geophysicist, meteorologist (1896-1968).
Bernini	14.9	30	7	Gianlorenzo; Italian artist (1598-1680).
Bernoulli	35	60.7	47	Jacques; Swiss mathematician (1654-1705); Jean; Swiss mathematician (1667-1748). (Spelling changed from Bernouilli.)
Berosus	33.5	69.9	74	Berosus the Chaldean; Babylonian astronomer (unkn-c. 250 B.C.).
Berzelius	36.6	50.9	50	Jöns Jacob; Swedish chemist (1779-1848).
Bessarion	14.9	-37.3	10	John; Greek scholar (1403-1472).
Bessel	21.8	17.9	15	Friedrich Wilhelm; German astronomer (1784-1846).
Bettinus	-63.4	-44.8	71	Mario; Italian mathematician, astronomer (1582-1657).
Bhabha	-55.1	-164.5	64	Homi Jehangir; Indian physicist (1909-1966).
Bianchini	48.7	-34.3	38	Francesco; Italian astronomer (1662-1729).
Biela	-54.9	51.3	76	Wilhelm von; Austrian astronomer (1782-1856).
Bilharz	-5.8	56.3	43	Theodor; German doctor, zoologist (1825-1862).
Billy	-13.8	-50.1	45	Jacques de; French mathematician (1602-1679).
Bingham	8.1	115.1	33	Hiram; American explorer (1875-1956).
Biot	-22.6	51.1	12	Jean-Baptiste; French astronomer (1774-1862).
Birkeland	-30.2	173.9	82	Olaf Kristian; Norwegian physicist (1867-1917).
Birkhoff	58.7	-146.1	345	George David; American mathematician (1884-1944).
Birmingham	65.1	-10.5	92	John; Irish astronomer (1816-1884).
Birt	-22.4	-8.5	16	William R.; British selenographer (1804-1881).
Bjerknes	-38.4	113	48	Vilhelm Friman Koren; Norwegian physicist (1862-1951).
Black	-9.2	80.4	18	Joseph; French chemist (1728-1799).

NOME	LONG.	LAT.	DIAM. KM	ORIGINE DEL NOME
Blackett	-37.5	-116.1	141	Patrick Maynard Stuart; British physicist; Nobel laureate (1897-1974).
Blagg	1.3	1.5	5	Mary Adela; British astronomer (1858-1944).
Blancanus	-63.8	-21.4	117	Biancani, Giuseppe; Italian mathematician, astronomer (1566-1624).
Blanchard	-58.5	-94.4	40	Jean-Pierre-François; French aeronaut (1753-1809).
Blanchinus	-25.4	2.5	61	Bianchini, Giovanni; Italian astronomer (unkn-fl. 1458).
Blazhko	31.6	-148	54	Sergei Nikolaevich; Soviet astronomer (1870-1956).
Bliss	53	-13.5	20	Nathaniel; English Astronomer Royal (1700-1764).
Bobillier	19.6	15.5	6	Étienne; French geometer (1798-1840).
Bobone	26.9	-131.8	31	Jorge; Argentinean astronomer (1901-1958).
Bode	6.7	-2.4	18	Johann Elert; German astronomer (1747-1826).
Boethius	5.6	72.3	10	Greek physicist (c. 480-524).
Boguslawsky	-72.9	43.2	97	Palm Heinrich Ludwig von; German astronomer (1789-1851).
Bohnenberger	-16.2	40	33	Johann Gottlieb Friedrich Von; German astronomer (1765-1831).
Bohr	12.4	-86.6	71	Niels Henrik David; Danish physicist; Nobel laureate (1885-1962).
Bok	-20.2	-171.6	45	Priscilla Fairfield; American astronomer (1896-1975), Bart Jan; Dutch-American astronomer (1906-1983).
Boltzmann	-74.9	-90.7	76	Ludwig Eduard; Austrian physicist (1844-1906).
Bolyai	-33.6	125.9	135	Janos; Hungarian mathematician (1802-1860).
Bombelli	5.3	56.2	10	Rafael; Italian mathematician (1526-1572).
Bondarenko	-17.8	136.3	30	Valentin Vasilyevich; Soviet student-cosmonaut (1937-1961).
Bonpland	-8.3	-17.4	60	Aimé-Jacques-Alexandre; French botanist (1773-1858).
Boole	63.7	-87.4	63	George; British mathematician (1815-1864).
Borda	-25.1	46.6	44	Jean Charles de; French astronomer (1733-1799).
Borel	22.3	26.4	4	Félix Édouard Émile; French mathematician (1871-1956).
Boris	30.6	-33.5	1	Russian male name.
Borman	-38.8	-147.7	50	Frank; American astronaut, engineer (1928-Live).
Born	-6	66.8	14	Max; German physicist (1882-1970).
Boscovich	9.8	11.1	46	Rudjer J.; Italian physicist (1711-1787).

NOME	LONG.	LAT.	DIAM. KM	ORIGINE DEL NOME
Bose	-53.5	-170	91	Jagadis Chandra; Indian botanist, physicist (1858-1937).
Boss	45.8	89.2	47	Lewis; American astronomer (1846-1912).
Bouguer	52.3	-35.8	22	Pierre; French hydrographer (1698-1758).
Boussingault	-70.2	54.6	142	Jean Baptiste Dieudonne; French chemist (1802-1887).
Bowditch	-25	103.1	40	Nathaniel; American astronomer, mathematician (1773-1848).
Bowen	17.6	9.1	8	Ira Sprague; American astronomer (1898-1973).
Boyle	-53.1	178.1	57	Robert; British natural philosopher, chemist (1627-1691).
Brackett	17.9	23.6	8	Frederick Sumner; American physicist (1896-1988).
Bragg	42.5	-102.9	84	Sir William Henry; Australian physicist; Nobel laureate (1862-1942).
Brashear	-73.8	-170.7	55	John Alfred; American astronomer (1840-1920).
Brayley	20.9	-36.9	14	Edward William; British geographer (1801-1870).
Bredikhin	17.3	-158.2	59	Fedor Aleksandrovich; Russian astronomer (1831-1904).
Breislak	-48.2	18.3	49	Scipione; Italian chemist, geologist, mathematician (1748-1826).
Brenner	-39	39.3	97	Leo (Spiridon Gopcevic); Austrian astronomer (1855-1928).
Brewster	23.3	34.7	10	David; Scottish optician (1781-1868).
Brianchon	75	-86.2	134	Charles-Julien; French mathematician (1783-1864).
Bridgman	43.5	137.1	80	Percy Williams; American physicist; Nobel laureate (1882-1961).
Briggs	26.5	-69.1	37	Henry; British mathematician (1561-1630).
Brisbane	-49.1	68.5	44	Sir Thomas Makdougall; Scottish astronomer (1773-1860).
Bronk	26.1	-134.5	64	Detlev Wulf; American neurophysiologist (1897-1975).
Brouwer	-36.2	-126	158	Dirk; American astronomer (1902-1966); Luitzen Egbertus Jan; Dutch mathematician (1881-1966).
Brown	-46.4	-17.9	34	Ernest William; British astronomer, mathematician (1866-1938).
Bruce	1.1	0.4	6	Catherine Wolfe; American philanthropist, astronomy patron (1816-1900).
Brunner	-9.9	90.9	53	William Otto; Swiss astronomer (1878-1958).
Buch	-38.8	17.7	53	Christian Leopold von; German geologist (1774-1853).
Buffon	-40.4	-133.4	106	Georges Louis Leclerc; French natural historian (1707-1788).
Buisson	-1.4	112.5	56	Henri; French physicist, astronomer (1873-1944).

NOME	LONG.	LAT.	DIAM. KM	ORIGINE DEL NOME
Bullialdus	-20.7	-22.2	60	Boulliau, Ismael; French astronomer (1605-1694).
Bunsen	41.4	-85.3	52	Robert Wilhelm Eberhard; German chemist (1811-1899).
Burckhardt	31.1	56.5	56	Johann Karl; German astronomer (1773-1825).
Bürg	45	28.2	39	Johann Tobias; Austrian astronomer (1766-1834).
Burnham	-13.9	7.3	24	Sherburne Wesley; American astronomer (1838-1921).
Büsching	-38	20	52	Anton Friedrich; German geographer (1724-1793).
Butlerov	12.5	-108.7	40	Aleksandr Mikhailovich; Russian chemist (1828-1886).
Buys-Ballot	20.8	174.5	55	Christoph Hendrik Diederik; Dutch meteorologist (1817-1890).
Byrd	85.3	9.8	93	Richard Edwin; American explorer, aviator, navigator (1888-1957).
Byrgius	-24.7	-65.3	87	Burgi, Joost; Swiss horologist (1552-1632).
C. Herschel	34.5	-31.2	13	Caroline Lucretia; British astronomer (1750-1848).
C. Mayer	63.2	17.3	38	Christian; German astronomer, mathematician, physicist (1719-1783).
Cabannes	-60.9	-169.6	80	Jean; French physicist (1885-1959).
Cabeus	-84.9	-35.5	98	Cabeo, Niccolo; Italian astronomer (1586-1650).
Cailleux	-60.8	153.3	50	Andre; French geologist (1907-1986).
Cajal	12.6	31.1	9	Santiago Ramon Y; Spanish doctor; Nobel laureate (1852-1934).
Cajori	-47.4	168.8	70	Florian; American mathematician (1859-1930).
Calippus	38.9	10.7	32	Calippus of Cyzicus; Greek astronomer (c. 330 B.C.).
Cameron	6.2	45.9	10	Robert Curry; American astronomer (1925-1972).
Camoens	0.8	84.9	33	Luis de; Portuguese author (1524-1530).
Campanus	-28	-27.8	48	Campanus of Navara; Italian astronomer (c. 1200-1296).
Campbell	45.3	151.4	219	Leon; American astronomer (1881-1951); William Wallace; American astronomer (1862-1938).
Cannizzaro	55.6	-99.6	56	Stanislao; Italian chemist (1826-1910).
Cannon	19.9	81.4	56	Annie Jump; American astronomer (1863-1941).
Cantor	38.2	118.6	81	Georg; German mathematician (1845-1918); Moritz; German mathematician (1829-1920).
Capella	-7.5	35	49	Martianus; Roman astronomer (c. A.D. 400-unkn).
Capuanus	-34.1	-26.7	59	Francesco Capuano Di Manfredonia; Italian astronomer (c. 1400-unkn).

NOME	LONG.	LAT.	DIAM. KM	ORIGINE DEL NOME
Cardanus	13.2	-72.5	49	Cardano, Girolamo; Italian mathematician (1501-1576).
Carlini	33.7	-24.1	10	Francesco; Italian astronomer (1783-1862).
Carlos	24.9	2.3	4	Spanish male name.
Carmichael	19.6	40.4	20	Leonard; American psychologist (1898-1973).
Carnot	52.3	-143.5	126	Nicolas-Léonard Sadi; French physicist (1796-1832).
Carol	8.5	122.3	8	Latin female name.
Carpenter	69.4	-50.9	59	James; British astronomer (1840-1899); Edwin Francis; American astronomer (1898-1963).
Carrel	10.7	26.7	15	Alexis; French doctor, physiologist; Nobel laureate (1873-1944).
Carrillo	-2.2	80.9	16	Flores Nabor; Mexican soil engineer (1911-1967).
Carrington	44	62.1	30	Richard Christopher; British astronomer (1826-1875).
Cartan	4.2	59.3	15	Elie-Joseph; French mathematician (1869-1951).
Carver	-43	126.9	59	George Washington; American botanist (1864-1943).
Casatus	-72.8	-29.5	108	Casati, Paolo; Italian mathematician (1617-1707).
Cassegrain	-52.4	113.5	55	Laurent; French astronomer, doctor (1629-1693).
Cassini	40.2	4.6	56	Giovanni Domenico; Italian-French astronomer (1625-1712); Jacques; French astronomer (1677-1756).
Catalán	-45.7	-87.3	25	Miguel Antonio; Spanish spectroscopist (1894-1957).
Catharina	-18.1	23.4	104	St. Catherine of Alexandria; Greek theologian, philosopher (unkn-c. 307).
Cauchy	9.6	38.6	12	Augustin Louis; French mathematician (1789-1857).
Cavalerius	5.1	-66.8	57	Cavalieri, Buonaventura; Italian mathematician (1598-1647).
Cavendish	-24.5	-53.7	56	Henry; British chemist, physicist (1731-1810).
Caventou	29.8	-29.4	3	Joseph-Bienaimé; French chemist, pharmacologist (1795-1877).
Cayley	4	15.1	14	Arthur; British astronomer, mathematician (1821-1895).
Cellini	-7.8	3	34	Benvenuto; Italian artist, writer (1500-1571).
Celsius	-34.1	20.1	36	Anders; Swedish astronomer (1701-1744).
Censorinus	-0.4	32.7	3	Roman astronomer (fl. A.D. 238).
Cepheus	40.8	45.8	39	Mythological astronomer, father of Andromeda.
Cervantes	-3.4	99.2	25	Miguel De; Spanish writer (1547-1616).
Chacornac	29.8	31.7	51	Jean; French astronomer (1823-1873).

NOME	LONG.	LAT.	DIAM. KM	ORIGINE DEL NOME
Chadwick	-52.7	-101.3	30	Sir James; British physicist (1891-1974).
Chaffee	-38.8	-153.9	49	Roger Bruce; American aeronautic engineer, astronaut (1935-1967).
Challis	79.5	9.2	55	James; British astronomer, mathematician, physicist (1803-1862).
Chalonge	-21.2	-117.3	30	Daniel; French astronomer (1895-1977).
Chamberlin	-58.9	95.7	58	Thomas Chrowder; American geologist (1843-1928).
Champollion	37.4	175.2	58	Jean-François; French egyptologist (1790-1832).
Chandler	43.8	171.5	85	Seth Carlo; American astronomer (1846-1913).
Chang Heng	19	112.2	43	Chinese astronomer (78-139).
Chang-Ngo	-12.7	-2.1	3	Chinese female name.
Chant	-40	-109.2	33	Clarence Augustus; Canadian astronomer, physicist (1865-1956).
Chaplygin	-6.2	150.3	137	Sergei Alekseevich; Soviet mathematician, engineer (1869-1942).
Chapman	50.4	-100.7	71	Sydney; British geophysicist (1888-1970).
Chappe	-61.2	-91.5	59	d'Auteroche, Jean-Baptiste; French astronomer (1728-1769).
Chappell	54.7	-177	80	James F.; American astronomer (1891-1964).
Charles	29.9	-26.4	1	French male name.
Charlier	36.6	-131.5	99	Carl Wilhelm Ludwig; Swedish astronomer (1862-1934).
Chaucer	3.7	-140	45	Geoffrey; British writer, astronomer (c. 1340-1400).
Chauvenet	-11.5	137	81	William; American astronomer, mathematician (1820-1870).
Chawla	-42.8	-147.5	15	Kalpana; American astronaut, Space Shuttle Columbia Mission Specialist (1961-2003).
Chebyshev	-33.7	-133.1	178	Pafnuty Lvovich; Russian mathematician (1821-1894).
Chekov	-6.6	82	0	Anton Pavlovich; Russian author (1860-1904).
Chenier	-17.7	132.4	33	Andre Marie; French poet (1762-1794).
Chernyshev	47.3	174.2	58	Nikolaj G.; Soviet rocketry engineer (1906-1963).
Chevallier	44.9	51.2	52	Temple; British astronomer (1794-1873).
Ching-Te	20	30	4	Chinese male name.
Chladni	4	1.1	13	Ernst Florens Friedrich; German physicist (1756-1827).
Chrétien	-45.9	162.9	88	Henri; French mathematician, astronomer (1870-1956).
Cichus	-33.3	-21.1	40	Francesco Degli Stabili (Cecco D'Ascoli); Italian astronomer (1257-1327).

NOME	LONG.	LAT.	DIAM. KM	ORIGINE DEL NOME
Clairaut	-47.7	13.9	75	Alexis Claude; French mathematician (1713-1765).
Clark	-38.4	118.9	49	Alvan; American astronomer (1804-1887); Alvan G.; American astronomer, optician (1832-1897).
Clausius	-36.9	-43.8	24	Rudolf Julius Emmanuel; German physicist (1822-1888).
Clavius	-58.8	-14.1	245	Christopher Klau; German mathematician (1537-1612).
Cleomedes	27.7	56	125	Greek astronomer (unkn-c. 50 B.C.).
Cleostratus	60.4	-77	62	Greek astronomer (unkn-c. 500 B.C.).
Clerke	21.7	29.8	6	Agnes Mary; British astronomer (1842-1907).
Coblentz	-37.9	126.1	33	William Weber; American physicist, astronomer (1873-1962).
Cockcroft	31.3	-162.6	93	Sir John Douglas; British nuclear physicist; Nobel laureate (1897-1967).
Collins	1.3	23.7	2	Michael; American astronaut (1930-Live).
Colombo	-15.1	45.8	76	Columbus, Christopher; Spanish explorer (1451-1506).
Compton	55.3	103.8	162	Arthur Holly; American physicist, Nobel laureate (1892-1962); Karl Taylor; American physicist (1887-1954).
Comrie	23.3	-112.7	59	Leslie John; British astronomer (1893-1950).
Comstock	21.8	-121.5	72	George Cary; American astronomer (1855-1934).
Condon	1.9	60.4	34	Edward Uhler; American physicist (1902-1974).
Condorcet	12.1	69.6	74	Jean de; French mathematician (1743-1794).
Congreve	-0.2	-167.3	57	Sir William; British rocket engineer, inventor (1772-1828).
Conon	21.6	2	21	Conon of Samos; Greek astronomer (c. 260 B.C.).
Cook	-17.5	48.9	46	James; British explorer (1728-1779).
Cooper	52.9	175.6	36	John Cobb; American jurist, scholar (1887-1967).
Copernicus	9.7	-20.1	93	Nicholas; Polish astronomer (1473-1543).
Cori	-50.6	-151.9	65	Gerty Theresa Radnitz; Czech-American physiologist; Nobel laureate (1896-1957).
Coriolis	0.1	171.8	78	Gaspard-Gustave de; French physicist (1792-1843).
Corneille	12.3	134.8	35	Pierre; French lierature (1606-1684).
Couder	-4.8	-92.4	21	André; French astronomer (1897-1979).
Coulomb	54.7	-114.6	89	Charles-Augustin de; French physicist (1736-1806).
Courtney	25.1	-30.8	1	English male name.

NOME	LONG.	LAT.	DIAM. KM	ORIGINE DEL NOME
Cremona	67.5	-90.6	85	Antonio Luigi Gaudenzio Guiseppe; Italian mathematician (1830-1903).
Crile	14.2	46	9	George Washington; American doctor (1864-1943).
Crocco	-47.5	150.2	75	Gaetano Arturo; Italian aeronautical engineer (1877-1968).
Crommelin	-68.1	-146.9	94	Andrew Claude De La Cherois; British astronomer (1865-1939).
Crookes	-10.3	-164.5	49	Sir William; British physicist, chemist (1832-1919).
Crozier	-13.5	50.8	22	Francis Rawdon Moira; British explorer (1796-1848).
Crüger	-16.7	-66.8	45	Peter; German mathematician (1580-1639).
Ctesibius	0.8	118.7	36	Egyptian physicist (unkn-c. 100 B.C.).
Curie	-22.9	91	151	Pierre; French physicist, chemist; Nobel laureate (1859-1906).
Curtis	14.6	56.6	2	Heber Doust; American astronomer (1872-1942).
Curtius	-67.2	4.4	95	Curtz, Albert; German astronomer (1600-1671).
Cusanus	72	70.8	63	Nikolaus Krebs; German mathematician, philosopher (1401-1464).
Cuvier	-50.3	9.9	75	Georges; French natural scientist, paleontologist (1769-1832).
Cyrano	-20.5	157.7	80	Cyrano De Bergerac Savinien; French writer (1615-1655).
Cyrillus	-13.2	24	98	Saint Cyril; Egyptian theologian, chronologist (unkn-A.D. 444).
Cysatus	-66.2	-6.1	48	Cysat, Jean-Baptiste; Swiss mathematician, astronomer (1588-1657).
D'Alembert	50.8	163.9	248	Jean-Le-Rond; French mathematician, physicist (1717-1783).
D'Arrest	2.3	14.7	30	Heinrich Louis; German astronomer (1822-1875).
D'Arsonval	-10.3	124.6	28	Jacques Arsène; French physicist (1851-1940).
D. Brown	-42	-147.2	15	David McDowell; American astronaut, Space Shuttle Columbia Mission Specialist (1956-2003).
da Vinci	9.1	45	37	Leonardo; Italian artist, inventor, mathematician (1452-1519).
Daedalus	-5.9	179.4	93	Greek mythological character.
Dag	18.7	5.3	0.5	Scandinavian male name.
Daguerre	-11.9	33.6	46	Louis-Jacques-Mandé; French artist, chemist, photographer (1789-1851).
Dale	-9.6	82.9	22	Sir Henry Hallett; British physiologist; Nobel laureate (1875-1968).
Dalton	17.1	-84.3	60	John; British chemist, physicist (1766-1844).

NOME	LONG.	LAT.	DIAM. KM	ORIGINE DEL NOME
Daly	5.7	59.6	17	Reginald Aldworth; Canadian-born American geologist (1871-1957).
Damoiseau	-4.8	-61.1	36	Baron Marie-Charles-Theodor de; French astronomer (1768-1846).
Daniell	35.3	31.1	29	John Frederick; British physicist, chemist, meteorologist (1790-1845).
Danjon	-11.4	124	71	Andre; French astronomer (1890-1967).
Dante	25.5	180	54	Alighieri; Italian poet (1265-1321).
Dario	-11.3	90.7	19	Ruben; Nicaraguan author (1867-1916).
Darney	-14.5	-23.5	15	Maurice; French astronomer (1882-1958).
Darwin	-20.2	-69.5	120	Charles; British natural scientist (1809-1882).
Das	-26.6	-136.8	38	Amil Kumar; Indian astronomer (1902-1961).
Daubrée	15.7	14.7	14	Gabriel-Auguste; French geologist (1814-1896).
Davisson	-37.5	-174.6	87	Clinton Joseph; American physicist; Nobel laureate (1881-1958).
Davy	-11.8	-8.1	34	Humphry; British physicist (1778-1829).
Dawes	17.2	26.4	18	William Rutter; British astronomer (1799-1868).
Dawson	-67.4	-134.7	45	Bernhard Hildebrandt; Argentinean astronomer (1890-1960).
De Forest	-77.3	-162.1	57	Lee; American inventor (1873-1961).
de Gasparis	-25.9	-50.7	30	Annibale; Italian astronomer (1819-1892).
de Gerlache	-88.5	-87.1	32.4	Adrien; Belgian Antarctic explorer (1866-1934).
De La Rue	59.1	52.3	134	Warren; British astronomer (1815-1889).
De Moraes	49.5	143.2	53	Abraao de; Brazilian astronomer (1916-1970).
De Morgan	3.3	14.9	10	Augustus; British mathematician (1806-1871).
De Roy	-55.3	-99.1	43	Felix; Belgian astronomer (1883-1942).
De Sitter	80.1	39.6	64	Willem; Dutch astronomer (1872-1934).
De Vico	-19.7	-60.2	20	Francesco; Italian astronomer (1805-1848).
De Vries	-19.9	-176.7	59	Hugo Marie; Dutch botanist (1848-1935).
Debes	29.5	51.7	30	Ernest; German cartographer (1840-1923).
Debus	-10.5	99.6	20	Kurt Heinrich; German physicist (1908-1983).
Debye	49.6	-176.2	142	Peter Joseph William; Dutch physicist, chemist; Nobel laureate (1884-1966).
Dechen	46.1	-68.2	12	Ernst Heinrich Karl von; German geologist, mineralogist (1800-1889).

NOME	LONG.	LAT.	DIAM. KM	ORIGINE DEL NOME
Defoe	-6	80.5	18	Daniel; British author (c. 1661-1731).
Delambre	-1.9	17.5	51	Jean-Baptiste Joseph; French astronomer (1749-1822).
Delaunay	-22.2	2.5	46	Charles-Eugène; French astronomer (1816-1872).
Delia	-10.9	-6.1	2	Greek female name.
Delisle	29.9	-34.6	25	Joseph Nicolas; French astronomer (1688-1768).
Dellinger	-6.8	140.6	81	John Howard; American physicist (1886-1962).
Delmotte	27.1	60.2	32	Gabriel; French astronomer (1876-1950).
Delporte	-16	121.6	45	Eugène Joseph; Belgian astronomer (1882-1955).
Deluc	-55	-2.8	46	Jean Andre; Swiss geologist, physicist (1727-1817).
Dembowski	2.9	7.2	26	Baron Ercole; Italian astronomer (1815-1881).
Democritus	62.3	35	39	Greek astronomer, philosopher (c. 460-360 B.C.).
Demonax	-77.9	60.8	128	Greek philosopher (fl. 2nd century A.D.).
Denning	-16.4	142.6	44	William Fredrick; British astronomer (1848-1931).
Desargues	70.2	-73.3	85	Gérard; French mathematician, engineer (1593-1662).
Descartes	-11.7	15.7	48	René; French mathematician, philosopher (1596-1650).
Deseilligny	21.1	20.6	6	Jules Alfred Pierrot; French selenographer (1868-1918).
Deslandres	-33.1	-4.8	256	Henri Alexandre; French astrophysicist (1853-1948).
Deutsch	24.1	110.5	66	Armin Joseph; American astronomer (1918-1969).
Dewar	-2.7	165.5	50	Sir James; British chemist (1842-1923).
Diana	14.3	35.7	2	Latin female name.
Diderot	-20.4	121.5	20	Denis; French philosopher (1713-1784).
Dionysius	2.8	17.3	18	St. Dionysius the Areopagite; Greek astronomer (A.D. 9-120).
Diophantus	27.6	-34.3	17	Greek mathematician (unkn-c. A.D. 300).
Dirichlet	11.1	-151.4	47	Peter Gustav Lejeune; German mathematician (1805-1859).
Dobrovol'skiy	-12.8	129.7	38	Georgy Timofeyevich; Soviet cosmonaut (1928-1971).
Doerfel	-69.1	-107.9	68	Georg Samuel; German astronomer (1643-1688).
Dollond	-10.4	14.4	11	John; British optician (1706-1761).
Donati	-20.7	5.2	36	Giovanni Battista; Italian astronomer (1826-1873).
Donna	7.2	38.3	2	Italian female name.

NOME	LONG.	LAT.	DIAM. KM	ORIGINE DEL NOME
Donner	-31.4	98	58	Anders Severin; Finnish astronomer (1854-1938).
Doppelmayer	-28.5	-41.4	63	Johann Gabriel; German mathematician, astronomer (1671-1750).
Doppler	-12.6	-159.6	110	Johann Christian; Austrian physicist, mathematician, astronomer (1803-1853).
Douglass	35.9	-122.4	49	Andrew Ellicott; American astronomer (1867-1962).
Dove	-46.7	31.5	30	Heinrich Wilhelm; German physicist (1803-1879).
Doyle	2	84.5	32	Sir Arthur Conan; British novelist (1859-1930).
Draper	17.6	-21.7	8	Henry; American astronomer (1837-1882).
Drebbel	-40.9	-49	30	Cornelius; Dutch inventor (1572-1634).
Dreyer	10	96.9	61	Johann Ludwig Emil; Danish astronomer (1852-1926).
Drude	-38.5	-91.8	24	Paul Karl Ludwig; German physicist (1863-1906).
Dryden	-33	-155.2	51	Hugh Latimer; American physicist, engineer (1898-1965).
Drygalski	-79.3	-84.9	149	Erich Dagobert von; German geographer, geophysicist (1865-1949).
Dubyago	4.4	70	51	Dmitrij Ivanovich; Russian astronomer (1850-1918); Alexander Dmitrievich; Soviet astronomer (1903-1959).
Dufay	5.5	169.5	39	Jean Claude Barthélemy; French astronomer (1896-1967).
Dugan	64.2	103.3	50	Raymond Smith; American astronomer (1878-1940).
Dumas	-5.3	81.7	16	Alexandre; French novelist (1802-1870).
Dunér	44.8	179.5	62	Nils Christofer; Swedish astronomer (1839-1914).
Dunthorne	-30.1	-31.6	15	Richard; British astronomer (1711-1775).
Dyson	61.3	-121.2	63	Sir Frank Watson; British astronomer (1868-1939).
Dziewulski	21.2	98.9	63	Wladyslaw; Polish astronomer (1878-1962).
Eckert	17.3	58.3	2	Wallace John; American astronomer (1902-1971).
Eddington	21.3	-72.2	118	Sir Arthur Stanley; British astrophysicist, mathematician (1882-1944).
Edison	25	99.1	62	Thomas Alva; American inventor (1847-1931).
Edith	-25.8	102.3	8	English female name.
Egede	48.7	10.6	37	Hans; Danish natural historian (1686-1758).

NOME	LONG.	LAT.	DIAM. KM	ORIGINE DEL NOME
Ehrlich	40.9	-172.4	30	Paul; German doctor; Nobel laureate (1854-1915).
Eichstadt	-22.6	-78.3	49	Lorentz; German mathematician, astronomer (1596-1660).
Eijkman	-63.1	-141.5	54	Christiaan; Dutch doctor; Nobel laureate (1858-1930).
Eimmart	24	64.8	46	Georg Christoph; German astronomer (1638-1705).
Einstein	16.3	-88.7	198	Albert; German-American physicist; Nobel laureate (1879-1955).
Einthoven	-4.9	109.6	69	Willem; Dutch physiologist; Nobel laureate (1860-1927).
El Greco	14	34.7	6	Spanish artist, born in Crete (c. 1541-1614).
Elger	-35.3	-29.8	21	Thomas Gwyn Empy; British astronomer (1836-1897).
Ellerman	-25.3	-120.1	47	Ferdinand; American astronomer (1869-1940).
Ellison	55.1	-107.5	36	Mervyn Archdall; Irish-born British astronomer (1909-1963).
Elmer	-10.1	84.1	16	Charles Wesley; American astronomer (1872-1954).
Elvey	8.8	-100.5	74	Christian Thomas; American astronomer, geophysicist (1899-1970).
Emden	63.3	-177.3	111	Robert; Swiss astrophysicist, meteorologist (1862-1940).
Encke	4.6	-36.6	28	Johann Franz; German mathematician, astronomer (1791-1865).
Endymion	53.9	57	123	Greek mythological character.
Engel'gardt (Engelhardt)	5.7	-159	43	Vasilij Pavlovich; Russian astronomer (1828-1915).
Eötvös	-35.5	133.8	99	Lóránt (English - Roland) von; Hungarian physicist (1848-1919).
Epigenes	67.5	-4.6	55	Greek astronomer (unkn-c. 200 B.C.).
Epimenides	-40.9	-30.2	27	Greek philosopher, writer (unkn-fl. 596 B.C.).
Eppinger	-9.4	-25.7	6	H.; Czechoslovakian doctor (1879-1946). Name dropped October 2002.
Eratosthenes	14.5	-11.3	58	Greek astronomer, geographer (c. 276-196 B.C.).
Erro	5.7	98.5	61	Luis Enrique; Mexican astronomer (1897-1955).
Esclangon	21.5	42.1	15	Ernest Benjamin; French astronomer (1876-1954).
Esnault-Pelterie	47.7	-141.4	79	Robert-Albert-Charles; French rocketry engineer (1881-1957).
Espin	28.1	109.1	75	Thomas Henry Espinall Compton; British astronomer (1858-1934).
Euclides	-7.4	-29.5	11	Euclid; Greek mathematician (unkn-c. 300 B.C.).
Euctemon	76.4	31.3	62	Greek astronomer (unkn-fl. 432 B.C.).
Eudoxus	44.3	16.3	67	Greek astronomer (c. 408-355 B.C.).

NOME	LONG.	LAT.	DIAM. KM	ORIGINE DEL NOME
Euler	23.3	-29.2	27	Leonhard; Swiss mathematician (1707-1783).
Evans	-9.5	-133.5	67	Sir Arthur; British archaeologist (1851-1941).
Evdokimov	34.8	-153	50	Nikolaj N.; Soviet astronomer (1868-1940).
Evershed	35.7	-159.5	66	John; British astronomer (1864-1956).
Ewen	7.7	121.4	3	Gaelic male name.
Fabbroni	18.7	29.2	10	Giovanni Valentino Mattia; Italian chemist (1752-1822).
Fabricius	-42.9	42	78	Goldschmidt, David; Dutch astronomer (1564-1617).
Fabry	42.9	100.7	184	Charles; French physicist (1867-1945).
Fahrenheit	13.1	61.7	6	Gabriel Daniel; Dutch physicist (1686-1736).
Fairouz	-26.1	102.9	3	Arab female name.
Faraday	-42.4	8.7	69	Michael; British chemist, physicist (1791-1867).
Faustini	-87.3	77	39	Arnaldo; Italian polar geographer (1874-1944).
Fauth	6.3	-20.1	12	Philipp Johann Heinrich; German selenographer (1867-1941).
Faye	-21.4	3.9	36	Hervé-Auguste-Etienne-Albans; French astronomer (1814-1902).
Fechner	-59	124.9	63	Gustav Theodor; German physicist, psychologist, and philospher (1801-1887).
Fedorov	28.2	-37	6	A.P.; Russian rocket scientist (1872-1920).
Felix	25.1	-25.4	1	Latin male name.
Fényi	-44.9	-105.1	38	Gyula; Hungarian astronomer (1845-1927).
Feoktistov	30.9	140.7	23	Konstantin P.; Soviet cosmonaut (1926-Live).
Fermat	-22.6	19.8	38	Pierre De; French mathematician (1601-1665).
Fermi	-19.3	122.6	183	Enrico; Italian-American physicist; Nobel laureate (1901-1954).
Fernelius	-38.1	4.9	65	Jean François; French doctor, astronomer (1497-1558).
Fersman	18.7	-126	151	Aleksandr Yevgenyevich; Soviet geochemist (1883-1945).
Fesenkov	-23.2	135.1	35	Vasiliy Grigor'evich; Soviet astrophysicist (1889-1972).
Feuillée	27.4	-9.4	9	Louis; French natural scientist (1660-1732).
Finsch	23.6	21.3	4	Otto Friedrich Hermann; German zoologist (1839-1917).
Finsen	-42	-177.9	72	Niels Ryberg; Danish phototherapist; Nobel laureate (1860-1904).
Firdausi	24.8	-34	6	Hasan; Persian author (c. 940-1020).
Firmicus	7.3	63.4	56	Julius Maternus of Syracuse; Roman astrologer (fl. A.D. 330-354).

NOME	LONG.	LAT.	DIAM. KM	ORIGINE DEL NOME
Firsov	4.5	112.2	51	Georgij F.; Soviet rocketry engineer (1917-1960).
Fischer	8	142.4	30	Emil Hermann; German chemist (1852-1919); Hans; German organic chemist (1881-1945).
Fitzgerald	27.5	-171.7	110	George Francis; Irish physicist (1851-1901).
Fizeau	-58.6	-133.9	111	Armand-Hippolyte-Loius; French physicist (1819-1896).
Flammarion	-3.4	-3.7	74	Camille; French astronomer (1842-1925).
Flamsteed	-4.5	-44.3	20	John; British astronomer (1646-1719).
Fleming	15	109.6	106	Alexander; British doctor, Nobel laureate (1881-1955); Williamina Paton; Scottish-born American astronomer (1857-1911).
Florensky	25.3	131.5	71	Kirill P.; Soviet geologist (1915-1982).
Focas	-33.7	-93.8	22	Ionnas (Jean-Henri); Greek/French astronomer (1909-1969).
Fontana	-16.1	-56.6	31	Francesco; Italian astronomer (c. 1585-1656).
Fontenelle	63.4	-18.9	38	Bernard Le Bovier De; French astronomer (1657-1757).
Foster	23.7	-141.5	33	John Stuart; Canadian physicist (1890-1964).
Foucault	50.4	-39.7	23	Leon; French physicist (1819-1868).
Fourier	-30.3	-53	51	Jean-Baptiste Joseph; French mathematician (1768-1830).
Fowler	42.3	-145	146	Alfred; British astronomer (1868-1940); Ralph Howard; British mathematician; physicist (1889-1944).
Fox	0.5	98.2	24	Philip; American astronomer (1878-1944).
Fra Mauro	-6.1	-17	101	Italian geographer (unkn-1459).
Fracastorius	-21.5	33.2	112	Fracastoro, Girolamo; Italian doctor, astronomer (1483-1553).
Franck	22.6	35.5	12	James; German physicist; Nobel laureate (1882-1964).
Franklin	38.8	47.7	56	Benjamin; American inventor (1706-1790).
Franz	16.6	40.2	25	Julius Heinrich; German astronomer (1847-1913).
Fraunhofer	-39.5	59.1	56	Joseph von; German astronomer, optician (1787-1826).
Fredholm	18.4	46.5	14	Erik Ivar; Swedish mathematician (1866-1927).
Freud	25.8	-52.3	2	Sigmund; Austrian psychoanalyst (1856-1939).
Freundlich	25	171	85	Erwin (Finlay-); German-British astronomer (1885-1964).
Fridman (Friedmann)	-12.6	-126	102	Aleksandr Alexandrovich; Soviet physicist (1888-1925).

NOME	LONG.	LAT.	DIAM. KM	ORIGINE DEL NOME
Froelich	80.3	-109.7	58	Jack Edward (Froehlich); American rocket scientist (1921-1967).
Frost	37.7	-118.4	75	Edwin Brant; American astronomer (1866-1935).
Fryxell	-21.3	-101.4	18	Roald Hilding; American geologist (1934-1974).
Furnerius	-36	60.6	135	Furner, Georges; French mathematician (unkn-fl. 1643).
G. Bond	32.4	36.2	20	George Philip; American astronomer (1826-1865).
Gadomski	36.4	-147.3	65	Jan; Polish astronomer (1889-1966).
Gagarin	-20.2	149.2	265	Yury Alekseyevich; Soviet cosmonaut (1934-1968).
Galen	21.9	5	10	Claudius; Greek doctor (c. 129-200).
Galilaei	10.5	-62.7	15	Galileo; Italian astronomer, physicist (1564-1642).
Galle	55.9	22.3	21	Johann Gottfried; German astronomer (1812-1910).
Galois	-14.2	-151.9	222	Evariste; French mathematician (1811-1832).
Galvani	49.6	-84.6	80	Luigi; Italian physicist (1737-1798).
Gambart	1	-15.2	25	Jean-Felix-Adolphe; French astronomer (1800-1836).
Gamow	65.3	145.3	129	George; American physicist (1904-1968).
Ganskiy (Hansky)	-9.7	97	43	Aleksey Pavlovich; Russian astronomer (1870-1908).
Ganswindt	-79.6	110.3	74	Hermann; German rocketry engineer (1856-1934).
Garavito	-47.5	156.7	74	J.; Colombian astronomer (1865-1920).
Gardner	17.7	33.8	18	Irvine Clifton; American physicist (1889-1972).
Gärtner	59.1	34.6	115	Christian; German mineralogist, geologist (c. 1750-1813).
Gassendi	-17.6	-40.1	101	Pierre; French astronomer, mathematician (1592-1655).
Gaston	30.9	-34	2	French male name.
Gaudibert	-10.9	37.8	34	Casimir Marie; French astronomer (1823-1901).
Gauricus	-33.8	-12.6	79	Gaurico, Luca; Italian astronomer (1476-1558).
Gauss	35.7	79	177	Karl Friedrich; German mathematician (1777-1855).
Gavrilov	17.4	130.9	60	Aleksandr I.; Soviet rocket engineer (1884-1955), Igor V.; Soviet astronomer (1928-1982).
Gay-Lussac	13.9	-20.8	26	Joseph Louis; French physicist (1778-1850).
Geber	-19.4	13.9	44	Jābir Ibn Aflah Al-Ishbīlī, Abū Muhammad; Spanish-Arab astronomer (fl. first half of twelfth cent.).

NOME	LONG.	LAT.	DIAM. KM	ORIGINE DEL NOME
Geiger	-14.6	158.5	34	Johannes Hans Wilhelm; German physicist (1882-1945).
Geissler	-2.6	76.5	16	Heinrich; German physicist (1814-1879).
Geminus	34.5	56.7	85	Greek astronomer (unkn-c. 70 B.C.).
Gemma Frisius	-34.2	13.3	87	Jemma, Reinier; Dutch doctor (1508-1555).
Gerard	44.5	-80	90	Alexander; Scottish explorer (1792-1839).
Gerasimovich	-22.9	-122.6	86	Boris Petrovich; Soviet astronomer (1889-1937).
Gernsback	-36.5	99.7	48	Hugo; American writer (1884-1967).
Gibbs	-18.4	84.3	76	Josiah Willard; American mathematical physicist (1839-1903).
Gilbert	-3.2	76	112	Grove Karl; American geologist (1843-1918), William; English physician and pysicist (1544-1603).
Gill	-63.9	75.9	66	Sir David; British astronomer (1843-1914).
Ginzel	14.3	97.4	55	Friedrich Karl; Austrian astronomer (1850-1926).
Gioja	83.3	2	41	Flavio; Italian inventor (unkn-fl. 1302).
Giordano Bruno	35.9	102.8	22	Italian astronomer (1548-1600).
Glaisher	13.2	49.5	15	James; British meteorologist (1809-1903).
Glauber	11.5	142.6	15	Johann Rudolph; German chemist (c. 1603-1670).
Glazenap	-1.6	137.6	43	Sergei Pavlovich; Soviet astronomer (1848-1937).
Glushko	8.4	-77.6	43	Valentin Petrovich; Russian space scientist (1908-1989).
Goclenius	-10	45	72	Gockel, Rudolf; German physicist, doctor, mathematician (1572-1621).
Goddard	14.8	89	89	Robert Hutchings; American rocketry scientist (1882-1945).
Godin	1.8	10.2	34	Louis; French astronomer, mathematician (1704-1760).
Goldschmidt	73.2	-3.8	113	Hermann; German astronomer (1802-1866).
Golgi	27.8	-60	5	Camillo; Italian doctor; Nobel laureate (c. 1843-1926).
Golitsyn	-25.1	-105	36	Boris Borisovich; Russian physicist (1862-1916).
Golovin	39.9	161.1	37	Nicholas Erasmus; American rocketry scientist (1912-1969).
Goodacre	-32.7	14.1	46	Walter; British selenographer (1856-1938).
Gould	-19.2	-17.2	34	Benjamin Apthorp; American astronomer (1824-1896).
Grace	14.2	35.9	1	English female name.
Grachev	-3.7	-108.2	35	Andrej D.; Soviet rocketry scientist (1900-1964).
Graff	-42.4	-88.6	36	Kasimir Romuald; Polish-German astronomer (1878-1950).

NOME	LONG.	LAT.	DIAM. KM	ORIGINE DEL NOME
Grave	-17.1	150.3	40	Dmitry Aleksandrovich; Soviet mathematician (1863-1939); Ivan Platonovich; Soviet engineer (1874-1960).
Greaves	13.2	52.7	13	William Michael Herbert; British astronomer (1897-1955).
Green	4.1	132.9	65	George; British mathematician (1793-1841).
Gregory	2.2	127.2	67	James; Scottish astronomer, mathematician (1638-1675).
Grigg	12.9	-129.4	36	John; New Zealander astronomer (1838-1920).
Grimaldi	-5.5	-68.3	172	Francesco Maria; Italian astronomer, physicist (1618-1663).
Grimm	-15	130.2	15	Wilhelm Karl; German story-teller (1786-1859).
Grissom	-47	-147.4	58	Virgil Ivan ("Gus"); American astronaut (1926-1967).
Grotrian	-66.5	128.3	37	Walter; German astronomer (1890-1954).
Grove	40.3	32.9	28	Sir William Robert; British physicist (1811-1896).
Gruemberger	-66.9	-10	93	Christoph; Austrian astronomer (1561-1636).
Gruithuisen	32.9	-39.7	15	Franz von; German astronomer (1774-1852).
Guericke	-11.5	-14.1	63	Otto von; German physicist, engineer, naturalist (1602-1686).
Guillaume	45.4	-173.4	57	Charles Edouard; Swiss metallurgist; Nobel laureate (1861-1938).
Gullstrand	45.2	-129.3	43	Allvar; Swedish ophthalmologist; Nobel laureate (1862-1930).
Gum	-40.4	88.6	54	Colin; Australian astronomer (1924-1960).
Gutenberg	-8.6	41.2	74	Johannes Gensfleisch Zur Laden; German inventor (c. 1390-1468).
Guthnick	-47.7	-93.9	36	Paul; German astronomer (1879-1947).
Guyot	11.4	117.5	92	Arnold Henry; Swiss-born American geographer, geologist (1807-1884).
Gyldén	-5.3	0.3	47	Johan August Hugo; Swedish astronomer (1841-1896).
H. G. Wells	40.7	122.8	114	Herbert George; British scientific writer (1866-1946).
Hadley	25.4	2.7	6	John; British instrument maker (1682-1793).
Hagecius	-59.8	46.6	76	Hayek, Thaddaeus; Czechoslovakian astronomer, mathematician (1525-1600).
Hagen	-48.3	135.1	55	Johann Georg; Austrian astronomer (1847-1930).
Hahn	31.3	73.6	84	Friedrich von; German astronomer (1741-1805); Otto; German chemist (1879-1968).
Haidinger	-39.2	-25	22	Wilhelm Karl von; Austrian geologist, physicist (1795-1871).

NOME	LONG.	LAT.	DIAM. KM	ORIGINE DEL NOME
Hainzel	-41.3	-33.5	70	Paul; German astronomer (1527-1581).
Haldane	-1.7	84.1	37	John Burdon Sanderson; British doctor (1892-1964).
Hale	-74.2	90.8	83	George Ellery; American astronomer (1868-1938); William; British rocket scientist (1797-1870).
Hall	33.7	37	35	Asaph; American astronomer (1829-1907).
Halley	-8	5.7	36	Edmond; British astronomer (1656-1742).
Hamilton	-42.8	84.7	57	Sir William Rowan; Irish mathematician (1805-1865).
Hanno	-56.3	71.2	56	Carthaginian navigator (unkn-c. 500 B.C.).
Hansen	14	72.5	39	Peter Andreas; Danish astronomer (1795-1874).
Hansteen	-11.5	-52	44	Christopher; Norwegian astronomer (1784-1873).
Harden	5.5	143.5	15	Sir Arthur; British chemist; Nobel laureate (1865-1940).
Harding	43.5	-71.7	22	Karl Ludwig; German astronomer (1765-1834).
Haret	-59	-176.5	29	Spiru; Rumanian astronomer (1851-1912).
Hargreaves	-2.2	64	16	Frederick James; British astronomer, optician (1891-1970).
Harkhebi	39.6	98.3	237	Egyptian astronomer (c. 300 B.C.).
Harlan	-38.5	79.5	65	Harlan J. Smith; American astronomer (1924-1991).
Harold	-10.9	-6	2	Scandinavian male name.
Harpalus	52.6	-43.4	39	Greek astronomer (unkn-c. 460 B.C.).
Harriot	33.1	114.3	56	Thomas; British mathematician, astronomer (1560-1621).
Hartmann	3.2	135.3	61	Johannes Franz; German astronomer (1865-1936).
Hartwig	-6.1	-80.5	79	(Carl) Ernst (Albrecht); German astronomer (1851-1923).
Harvey	19.5	-146.5	60	William; British doctor (1578-1657).
Hase	-29.4	62.5	83	Johann Matthias; German mathematician (1684-1742).
Hatanaka	29.7	-121.5	26	Takeo; Japanese astronomer (1914-1963).
Hausen	-65	-88.1	167	Christian August; German astronomer, mathematician, physicist (1693-1743).
Hayford	12.7	-176.4	27	John Fillmore; American civil engineer, geodesist (1868-1925).
Hayn	64.7	85.2	87	Friedrich Karl; German astronomer (1863-1928).
Healy	32.8	-110.5	38	Roy; American rocketry scientist (1915-1968).
Heaviside	-10.4	167.1	165	Oliver; British mathematician, physicist (1850-1925).

NOME	LONG.	LAT.	DIAM. KM	ORIGINE DEL NOME
Hecataeus	-21.8	79.4	167	Greek geographer (unkn-c. 476 B.C.).
Hédervári	-81.8	84	69	Peter; Hungarian geoscientist (1931-1984).
Hedin	2	-76.5	150	Sven Anders; Swedish explorer (1865-1952).
Heine	-14.4	132	28	Heinrich; German poet and critic (1797-1856).
Heinrich	24.8	-15.3	6	Wladimir Wáclav; Czechoslovakian astronomer (1884-1965).
Heinsius	-39.5	-17.7	64	Gottfried; German astronomer (1709-1769).
Heis	32.4	-31.9	14	Eduard; German astronomer (1806-1877).
Helberg	22.5	-102.2	62	Robert J.; American aeronautical engineer (1906-1967).
Helicon	40.4	-23.1	24	Greek astronomer, mathematician (fl. c. 361 B.C.).
Hell	-32.4	-7.8	33	Maximilian; Hungarian astronomer (1720-1792).
Helmert	-7.6	87.6	26	Friedrich Robert; German astronomer, geodesist (1843-1917).
Helmholtz	-68.1	64.1	94	Hermann Von; German doctor (1821-1894).
Henderson	4.8	152.1	47	Thomas; Scottish astronomer (1798-1844).
Hendrix	-46.6	-159.2	18	Don Osgood; American optician (1905-1961).
Henry	-24	-56.8	41	Joseph; American physicist (1797-1878).
Henry Frères	-23.5	-58.9	42	Prosper; French astronomer (1849-1903); Paul; French astronomer (1848-1905).
Henyey	13.5	-151.6	63	Louis George; American astronomer (1910-1970).
Heraclitus	-49.2	6.2	90	Greek philosopher (c. 540-480 B.C.).
Hercules	46.7	39.1	69	Latin spelling for Greek mythological hero Heracles.
Herigonius	-13.3	-33.9	15	Herigone, Pierre; French mathematician, astronomer (fl. 1634).
Hermann	-0.9	-57	15	Jacob; Swiss mathematician (1678-1733).
Hermite	86	-89.9	104	Charles; French mathematician (1822-1901).
Herodotus	23.2	-49.7	34	Of Halikarnassus; Greek historian (c. 484-408 B.C.).
Heron (Hero)	0.7	119.8	24	Egyptian inventor (unkn-c. 100 B.C.).
Herschel	-5.7	-2.1	40	Sir William; German-born British astronomer (1738-1822).
Hertz	13.4	104.5	90	Heinrich Rudolf; German physicist (1857-1894).
Hertzsprung	2.6	-129.2	591	Ejnar; Danish astronomer (1873-1967).
Hesiodus	-29.4	-16.3	42	Hesiod; Greek humanitarian (c. 735 B.C.).

NOME	LONG.	LAT.	DIAM. KM	ORIGINE DEL NOME
Hess	-54.3	174.6	88	Victor Franz (Francis); American physicist (1883-1964); Harry Hammond; American geologist (1906-1969).
Hevelius	2.2	-67.6	115	Howelcke, Johann; Polish astronomer (1611-1687).
Heymans	75.3	-144.1	50	Corneille-Jean-François; Belgian physiologist; Nobel laureate (1892-1968).
Heyrovsky	-39.6	-95.3	16	Jaroslav; Czechoslovakian chemist (1890-1967).
Hilbert	-17.9	108.2	151	David; German mathematician (1862-1943).
Hill	20.9	40.8	16	George William; American astronomer, mathematician (1838-1914).
Hind	-7.9	7.4	29	John Russell; British astronomer (1823-1895).
Hippalus	-24.8	-30.2	57	Greek explorer (unkn-c. 120).
Hipparchus	-5.1	5.2	138	Greek astronomer (unkn-fl. 140 B.C.).
Hippocrates	70.7	-145.9	60	Greek doctor (c. 460-377 B.C.).
Hirayama	-6.1	93.5	132	Kiyotsugu; Japanese astronomer (1874-1943); Shin; Japanese astronomer (1867-1945).
Hoffmeister	15.2	136.9	45	Cuno; German astronomer (1892-1968).
Hogg	33.6	121.9	38	Arthur Robert; Australian astronomer (1903-1966); Frank Scott; Canadian astronomer (1904-1951).
Hohmann	-17.9	-94.1	16	Walter; German space flight engineer (1880-1945).
Holden	-19.1	62.5	47	Edward Singleton; American astronomer (1846-1914).
Holetschek	-27.6	150.9	38	Johann; Austrian astronomer (1846-1923).
Homer	-24.3	133.6	0	Greek epic poet (8th or 9th century B.C.).
Hommel	-54.7	33.8	126	Johann; German astronomer, mathematician (1518-1562).
Hooke	41.2	54.9	36	Robert; British physicist, inventor (1635-1703).
Hopmann	-50.8	160.3	88	Josef; Austrian astronomer (1890-1975).
Hornsby	23.8	12.5	3	Thomas; British astronomer (1733-1810).
Horrebow	58.7	-40.8	24	Peder; Danish astronomer (1679-1764).
Horrocks	-4	5.9	30	Jeremiah; British astronomer (1619-1641).
Hortensius	6.5	-28	14	Hove, Martin van den; Dutch astronomer (1605-1639).
Houtermans	-9.4	87.2	29	Friedrich Georg; German physicist (1903-1966).

NOME	LONG.	LAT.	DIAM. KM	ORIGINE DEL NOME
Houzeau	-17.1	-123.5	71	Jean-Charles-Hippolyte-Joseph de Lehaie; Belgian astronomer (1820-1888).
Hubble	22.1	86.9	80	Edwin Powell; American astronomer (1889-1953).
Huggins	-41.1	-1.4	65	Sir William; British astronomer (1824-1910).
Hugo	-0.7	92.9	24	Victor; French writer, dramatist, poet (1802-1885).
Humason	30.7	-56.6	4	Milton Lasell; American astronomer (1891-1972).
Humboldt	-27	80.9	189	Wilhelm von; German philologist (1767-1835).
Hume	-4.7	90.4	23	David; Scottish philosopher (1711-1776).
Husband	-40.8	-147.9	29	Rick Douglas; American astronaut, Space Shuttle Columbia Commander (1957-2003).
Hussein	12.3	38	6	Taha; Egyptian author (1889-1973).
Hutton	37.3	168.7	50	James; Scottish geologist (1726-1797).
Huxley	20.2	-4.5	4	Thomas Henry; British biologist (1825-1895).
Hyginus	7.8	6.3	9	Caius Julius; Spanish astronomer (fl. first century B.C.).
Hypatia	-4.3	22.6	40	Hypatia of Alexandria; Egyptian mathematician and philosopher (c. 370-415).
Ian	25.7	-0.4	1	Scottish male name.
Ibn Battuta	-6.9	50.4	11	Abu Abd Allah Mohammed Ibn Abd Allah; Moroccan geographer (1304-1377).
Ibn Firnas	6.8	122.3	89	Spanish-Arab humanitarian, technologist (unkn-c. A.D. 887).
Ibn Yunus	14.1	91.1	58	Abul al-Hasan ben Ahmad; Egyptian astronomer (950-1009).
Ibn-Rushd	-11.7	21.7	32	Abu al-Walîd Ibn Rushd (Averroës); Spanish-Arab philosopher/doctor (1126-1198).
Icarus	-5.3	-173.2	96	Greek mythical flyer.
Idel'son	-81.5	110.9	60	Naum Ilich; Soviet astronomer (1885-1951).
Ideler	-49.2	22.3	38	Christian Ludwig; German astronomer (1766-1846).
Il'in	-17.8	-97.5	13	N.Ja.; Soviet rocketry scientist (1901-1937).
Ina	18.6	5.3	3	Latin female name.
Ingalls	26.4	-153.1	37	Albert Graham; American optician (1888-1958).
Inghirami	-47.5	-68.8	91	Giovanni; Italian astronomer (1779-1851).
Innes	27.8	119.2	42	Robert Thornton Ayton; Scottish astronomer (1861-1933).
Ioffe	-14.4	-129.2	86	Joffe, Abram Feodorovich; Soviet physicist (1880-1960).

NOME	LONG.	LAT.	DIAM. KM	ORIGINE DEL NOME
Isabel	28.2	-34.1	1	Spanish female name.
Isaev	-17.5	147.5	90	Alexei Mikhailovich; Soviet rocket designer (1908-1971).
Isidorus	-8	33.5	42	St. Isidore of Seville; Spanish astronomer and encyclopaedist (c. 560-636).
Isis	18.9	27.5	1	Egyptian goddess.
Ivan	26.9	-43.3	4	Russian male name.
Izsak	-23.3	117.1	30	Imre; Hungarian-American astronomer (1929-1965).
J. Herschel	62	-42	165	Sir John Frederick William; British astronomer (1792-1871).
Jackson	22.4	-163.1	71	John; Scottish astronomer (1887-1958).
Jacobi	-56.7	11.4	68	Karl Gustav Jacob; German mathematician (1804-1851).
James	10.2	50.4	28	Henry; American writer (1843-1916).
Jansen	13.5	28.7	23	Janszoon, Zacharias; Dutch optician (1580-c. 1638).
Jansky	8.5	89.5	72	Karl Guthe; American radio engineer (1905-1950).
Janssen	-45.4	40.3	199	Pierre Jules César; French astronomer (1824-1907).
Jarvis	-34.9	-148.9	38	Gregory Bruce; Member of the Challenger crew (1944-1986).
Jeans	-55.8	91.4	79	Sir James Hopwood; British mathematical physicist (1877-1946).
Jehan	20.7	-31.9	5	Turkish female name.
Jenkins	0.3	78.1	38	Louise Freeland; American astronomer (1888-1970).
Jenner	-42.1	95.9	71	Edward; British doctor (1749-1823).
Jerik	18.5	27.6	1	Scandinavian male name.
Johnson	-8.7	89	22	Samuel; British writer (1709-1784).
Joliot	25.8	93.1	164	Frederic Joliot-Curie; French physicist; Nobel laureate (1900-1958).
Jomo	24.4	2.4	7	African male name.
José	-12.7	-1.6	2	Spanish male name.
Joule	27.3	-144.2	96	James Prescott; British physicist (1818-1889).
Joy	25	6.6	5	Alfred Harrison; American astronomer (1882-1973).
Jules Verne	-35	147	143	French writer (1828-1905).
Julienne	26	3.2	2	French female name.
Julius Caesar	9	15.4	90	Roman emperor, introduced the Julian calendar (c. 102-44 B.C.).
Kaiser	-36.5	6.5	52	Frederick; Dutch astronomer (1808-1872).
Kamerlingh Onnes	15	-115.8	66	Heike Kamerlingh Onnes; Dutch physicist; Nobel laureate (1853-1926).

NOME	LONG.	LAT.	DIAM. KM	ORIGINE DEL NOME
Kane	63.1	26.1	54	Elisha Kent; American explorer (1820-1857).
Kant	-10.6	20.1	33	Immanuel; German philosopher (1724-1804).
Kao	-6.7	87.6	34	Ping-Tse; Taiwanese astronomer (1888-1970).
Kapteyn	-10.8	70.6	49	Jacobus Cornelis; Dutch astronomer (1851-1922).
Karima	-25.9	103	3	Arabic female name.
Karpinskiy	73.3	166.3	92	Alexander Petrovich; Soviet geologist (1846-1936).
Karrer	-52.1	-141.8	51	Paul; Russian/Swiss biochemist; Nobel laureate (1889-1971).
Kasper	8.3	122.1	12	Polish male name.
Kästner	-6.8	78.5	108	Abraham Gotthelf; German mathematician, physicist (1719-1800).
Katchalsky	5.9	116.1	32	Katzir-Katchalsky, Aharon; Polish-Israeli chemist (1914-1972).
Kathleen	25.4	-0.7	5	Irish female name.
Kearons	-11.4	-112.6	23	William M.; American astronomer (1878-1948).
Keeler	-10.2	161.9	160	James Edward; American astronomer (1857-1900).
Kekulé	16.4	-138.1	94	Friedrich August; German chemist (1829-1896).
Keldysh	51.2	43.6	33	Mstislav Vsevolodovich; Soviet mathematician (1911-1978).
Kepínski	28.8	126.6	31	F.; Polish astronomer (1885-1966).
Kepler	8.1	-38	31	Johannes; German astronomer (1571-1630).
Khvol'son	-13.8	111.4	54	Orest Danilovich; Soviet physicist (1852-1934).
Kibal'chich	3	-146.5	92	Nikolaj Ivanovich; Russian rocketry scientist (1853-1881).
Kidinnu	35.9	122.9	56	Or Cidenas; Babylonian astronomer (unkn-c. 343 B.C.).
Kies	-26.3	-22.5	45	Johann; German mathematician, astronomer (1713-1781).
Kiess	-6.4	84	63	Carl Clarence; American astrophysicist (1887-1967).
Kimura	-57.1	118.4	28	Hisashi; Japanese astronomer (1870-1943).
Kinau	-60.8	15.1	41	C. A.; German botanist, selenographer (unkn-fl. 1850).
King	5	120.5	76	Arthur Scott; American physicist (1876-1957); Edward Skinner; American astronomer (1861-1931).
Kira	-17.6	132.8	3	Russian female name.
Kirch	39.2	-5.6	11	Gottfried; German astronomer (1639-1710).
Kircher	-67.1	-45.3	72	Athanasius; German humanitarian (1601-1680).

NOME	LONG.	LAT.	DIAM. KM	ORIGINE DEL NOME
Kirchhoff	30.3	38.8	24	Gustav Robert; German physicist (1824-1887).
Kirkwood	68.8	-156.1	67	Daniel; American astronomer (1814-1895).
Klaproth	-69.8	-26	119	Martin Heinrich; German chemist, mineralogist (1743-1817).
Klein	-12	2.6	44	Hermann Joseph; German astronomer (1844-1914).
Kleymenov	-32.4	-140.2	55	Ivan Terent'evich; Soviet rocketry scientist (1898-1938).
Klute	37.2	-141.3	75	Daniel O.; American rocketry scientist (1921-1964).
Knox-Shaw	5.3	80.2	12	Harold; British astronomer (1885-1970).
Koch	-42.8	150.1	95	Robert; German doctor; Nobel laureate (1843-1910).
Kohlschütter	14.4	154	53	Arnold; German astronomer (1883-1969).
Kolhörster	11.2	-114.6	97	Werner; German physicist (1887-1946).
Komarov	24.7	152.5	78	Vladimir Mikhaylovich; Soviet cosmonaut (1927-1967).
Kondratyuk	-14.9	115.5	108	Yury Vasilyevich; Soviet rocketry scientist (1897-1942).
König	-24.1	-24.6	23	Rudolf; Austrian mathematician, astronomer (1865-1927).
Konoplev	-28.5	-125.5	25	B.T.; Soviet radio engineer (1912-1960).
Konstantinov	19.8	158.4	66	Konstantin Ivanovich; Russian rocketry scientist (1817-1871).
Kopff	-17.4	-89.6	41	August; German astronomer (1882-1960).
Korolev	-4	-157.4	437	Sergey Pavlovich; Soviet rocketry scientist (1906-1966).
Kosberg	-20.2	149.6	15	C. A.; Soviet aeronaut (1903-1965).
Kostinskiy	14.7	118.8	75	Sergey Konstantinovich; Soviet astronomer (1867-1936).
Koval'skiy	-21.9	101	49	Marian Albertovich; Russian astronomer (1821-1884). (Spelling changed from Koval'skij.)
Kovalevskaya	30.8	-129.6	115	Sofya Vasilyevna; Russian mathematician (1850-1891).
Kozyrev	-46.8	129.3	65	Nikolai Alexandrovich; Soviet astronomer (1908-1983).
Krafft	16.6	-72.6	51	Wolfgang Ludwig; German-Russian astronomer, physicist (1743-1814).
Kramarov	-2.3	-98.8	20	Grigory Moiseevich; Soviet space scientist (1887-1970).
Kramers	53.6	-127.6	61	Hendrik Anthony; Dutch physicist (1894-1952).
Krasnov	-29.9	-79.6	40	Aleksander V.; Russian astronomer (1866-1907).
Krasovskiy	3.9	-175.5	59	Theodosy Nicolaevich; Soviet geodesist (1878-1948).
Kreiken	-9	84.6	23	Egbert Adriaan; Dutch astronomer (1896-1964).

NOME	LONG.	LAT.	DIAM. KM	ORIGINE DEL NOME
Krieger	29	-45.6	22	Johann Nepomuk; German selenographer (1865-1902).
Krogh	9.4	65.7	19	Schack August Steenberg; Danish zoologist, physiologist; Nobel laureate (1874-1949).
Krusenstern	-26.2	5.9	47	Adam Johann, Baron Von; Russian explorer (1770-1846).
Krylov	35.6	-165.8	49	Aleksei Nikolaevich; Soviet mathematician, mechanical engineer (1863-1945).
Kugler	-53.8	103.7	65	Franz Xaver; German-Babylonian chronologist (1862-1929).
Kuiper	-9.8	-22.7	6	Gerard Peter; Dutch-American astronomer (1905-1973).
Kulik	42.4	-154.5	58	Leonid Alekseevich; Soviet mineralogist (1883-1942).
Kundt	-11.5	-11.5	10	August Adolph Eduard Eberhard; German physicist (1839-1894).
Kunowsky	3.2	-32.5	18	Georg Karl Friedrich; German astronomer (1786-1846).
Kuo Shou Ching	8.4	-133.7	34	Chinese astronomer (1231-1316).
Kurchatov	38.3	142.1	106	Igor' Vasil'evich; Soviet nuclear physicist (1903-1960).
L. Clark	-43.7	-147.7	16	Laurel Blair Salton; American astronaut, Space Shuttle Columbia Mission Specialist (1961-2003).
La Caille	-23.8	1.1	67	Nicholas-Louis De; French astronomer (1713-1762).
La Condamine	53.4	-28.2	37	Charles-Marie de; French astronomer, physicist (1701-1774).
La Pérouse	-10.7	76.3	77	Jean Francois de Galoup, Comte De La Pérouse; French explorer (1741-1788).
Lacchini	41.7	-107.5	58	Giovanni; Italian astronomer (1884-1967).
Lacroix	-37.9	-59	37	Sylvestre Francois; French mathematician (1765-1843).
Lade	-1.3	10.1	55	Heinrich Eduard von; German astronomer (1817-1904).
Lagalla	-44.6	-22.5	85	Giulio Cesare; Italian philosopher (1571-1624).
Lagrange	-32.3	-72.8	225	Joseph Louis; Italian mathematician (1736-1813).
Lalande	-4.4	-8.6	24	Joseph Jérôme Le François de; French astronomer (1732-1807).
Lallemand	-14.3	-84.1	18	Andre; French astronomer (1904-1978).
Lamarck	-22.9	-69.8	100	Jean Baptiste Pierre Antoine de Monet; French natural historian (1744-1829).
Lamb	-42.9	100.1	106	Sir Horace; British mathematician, physicist (1849-1934).
Lambert	25.8	-21	30	Johann Heinrich; German astronomer, mathematician, physicist (1728-1777).

NOME	LONG.	LAT.	DIAM. KM	ORIGINE DEL NOME
Lamé	-14.7	64.5	84	Gabriel; French mathematician (1795-1870).
Lamèch	42.7	13.1	13	Felix Chemla; French selenographer (1894-1962).
Lamont	4.4	23.7	106	Johann von; Scottish-born German astronomer (1805-1879).
Lampland	-31	131	65	Carl Otto; American astronomer (1873-1951).
Landau	41.6	-118.1	214	Lev Davidovich; Soviet physicist; Nobel laureate (1908-1968).
Lander	-15.3	131.8	40	Richard Lemon; British explorer (1804-1834).
Landsteiner	31.3	-14.8	6	Karl; Austrian-American pathologist; Nobel laureate (1868-1943).
Lane	-9.5	132	55	Jonathan Homer; American physicist, astrophysicist (1819-1880).
Langemak	-10.3	118.7	97	Georgij Erikhovich; Soviet rocketry scientist (1898-1938).
Langevin	44.3	162.7	58	Paul; French physicist (1872-1946).
Langley	51.1	-86.3	59	Samuel Pierpont; American astronomer, physicist (1834-1906).
Langmuir	-35.7	-128.4	91	Irving; American physicist, chemist; Nobel laureate (1881-1957).
Langrenus	-8.9	61.1	127	Langren, Michel Florent van; Belgian selenographer, engineer (c. 1600-1675).
Lansberg	-0.3	-26.6	38	Philippe van; Belgian astronomer (1561-1632).
Larmor	32.1	-179.7	97	Sir Joseph; British mathematician, physicist (1857-1942).
Lassell	-15.5	-7.9	23	William; British astronomer (1799-1880).
Laue	28	-96.7	87	Max Theodor Felix von; German physicist; Nobel laureate (1879-1960).
Lauritsen	-27.6	96.1	52	Charles Christian; Danish-American physicist (1892-1968).
Lavoisier	38.2	-81.2	70	Antoine Laurent; French chemist (1743-1794).
Lawrence	7.4	43.2	24	Ernest Orlando; American physicist; Nobel laureate (1901-1958), and Robert Henry, Jr.; American astronaut (1935-1967).
Le Gentil	-74.6	-75.7	128	Guillaume Hyazinthe; French astronomer (1725-1792).
Le Monnier	26.6	30.6	60	Pierre Charles; French astronomer, physicist (1715-1799).
Le Verrier	40.3	-20.6	20	Urbain-Jean-Joseph; French astronomer, mathematician (1811-1877).
Leakey	-3.2	37.4	12	Louis Seymour Bazett; British archaeologist (1903-1972).
Leavitt	-44.8	-139.3	66	Henrietta Swan; American astronomer (1868-1921).
Lebedev	-47.3	107.8	102	Pëtr Nikolajevich; Russian physicist (1866-1912).

NOME	LONG.	LAT.	DIAM. KM	ORIGINE DEL NOME
Lebedinskiy	8.3	-164.3	62	Aleksandr I.; Soviet astrophysicist (1913-1967).
Lebesgue	-5.1	89	11	Henri Leon; French mathematician (1875-1941).
Lee	-30.7	-40.7	41	John; British astronomer, humanitarian (1783-1866).
Leeuwenhoek	-29.3	-178.7	125	Antony van; Dutch microscopist (1632-1723).
Legendre	-28.9	70.2	78	Adrien Marie; French mathematician (1752-1833).
Lehmann	-40	-56	53	Jacob Heinrich Wilhelm; German astronomer (1800-1863).
Leibnitz	-38.3	179.2	245	Gottfried Wilhelm; German mathematician, philosopher (1646-1716).
Lemaître	-61.2	-149.6	91	Georges; Belgian mathematician (1894-1966).
Lents (Lenz)	2.8	-102.1	21	Heinrich Friedrich Emil; Russian physicist (1804-1865).
Leonov	19	148.2	33	Aleksey Arkhipovich; Soviet cosmonaut (1934-Live).
Lepaute	-33.3	-33.6	16	Nicole Reine De La Briere; French astronomer (1723-1788).
Letronne	-10.8	-42.5	116	Jean Antoine; French archaeologist (1787-1848).
Leucippus	29.1	-116	56	Greek philosopher (unkn-fl. c. 440 B.C.).
Leuschner	1.8	-108.8	49	Armin Otto; American astronomer (1868-1953).
Levi-Civita	-23.7	143.4	121	Tullio; Italian mathematician, physicist (1873-1941).
Lewis	-18.5	-113.8	42	Gilbert Newton; American chemist (1875-1946).
Lexell	-35.8	-4.2	62	Anders Johan; Swedish-Russian mathematician, astronomer (1740-1784).
Ley	42.2	154.9	79	Willy; German-American rocketry scientist (1906-1969).
Li Po	-3.5	90.6	15	Chinese writer (701-762).
Licetus	-47.1	6.7	74	Liceti, Fortunio; Italian physicist, philosopher, doctor (1577-1657).
Lichtenberg	31.8	-67.7	20	Georg Christoph; German physicist (1742-1799).
Lick	12.4	52.7	31	James; American benefactor (1796-1876).
Liebig	-24.3	-48.2	37	Justus, Baron von Liebig; German chemist (1803-1873).
Lilius	-54.5	6.2	61	Luigi Giglio; Italian doctor, philosopher, chronologist (unkn-1576).
Linda	30.7	-33.4	1	Spanish female name.
Lindbergh	-5.4	52.9	12	Charles Augustus; American aviator (1902-1974).
Lindblad	70.4	-98.8	66	Bertil; Swedish astronomer (1895-1965).

NOME	LONG.	LAT.	DIAM. KM	ORIGINE DEL NOME
Lindenau	-32.3	24.9	53	Bernhard von; German astronomer (1780-1854).
Lindsay	-7	13	32	Eric M.; Irish astronomer (1907-1974).
Linné	27.7	11.8	2	Carl von; Swedish botanist (1707-1778).
Liouville	2.6	73.5	16	Joseph; French mathematician (1809-1882).
Lippershey	-25.9	-10.3	6	Hans (Jan Lapprey); Dutch optician (unkn-1619).
Lippmann	-56	-114.9	160	Gabriel; French physicist; Nobel laureate (1845-1921).
Lipskiy	-2.2	-179.5	80	Yurii Naumovich; Soviet selenographer (1909-1978).
Litke (Lütke)	-16.8	123.1	39	Fyodor Petrovich; Russian geographer (1797-1882).
Littrow	21.5	31.4	30	Johann Josef von; Bohemian astronomer (1781-1840).
Lobachevskiy	9.9	112.6	84	Nikolay Ivanovich; Russian mathematician (1793-1856).
Lockyer	-46.2	36.7	34	Sir Joseph Norman; British astrophysicist (1836-1920).
Lodygin	-17.7	-146.8	62	Aleksandr Nikolaevich; Russian inventor (1847-1923).
Loewy	-22.7	-32.8	24	Maurice (Moritz); French astronomer (1833-1907).
Lohrmann	-0.5	-67.2	30	Wilhelm Gotthelf; German selenographer (1796-1840).
Lohse	-13.7	60.2	41	Oswald; German astronomer (1845-1915).
Lomonosov	27.3	98	92	Mikhail Vasilievich; Russian cartographer (1711-1765).
Longfellow	-7.5	91.3	35	Henry Wadsworth; American poet (1807-1882).
Longomontanus	-49.6	-21.8	157	Christian Sorensen; Danish astronomer, mathematician (1562-1647).
Lorca	24.4	10.9	0	Federico Garcia; Spanish writer (1899-1936). (Same as Aratus CA.)
Lorentz	32.6	-95.3	312	Hendrik Antoon; Dutch physicist; Nobel laureate (1853-1928).
Louise	28.5	-34.2	0.8	French female name.
Louville	44	-46	36	Jacques D'Allonville, Chevalier de Louville; French astronomer, mathematician (1671-1732).
Love	-6.3	129	84	Augustus Edward Hough; British mathematician, geophysicist (1863-1940).
Lovelace	82.3	-106.4	54	William Randolph, II; American doctor, space scientist (1907-1965).
Lovell	-36.8	-141.9	34	James A., Jr.; American astronaut (1928-Live).
Lowell	-12.9	-103.1	66	Percival; American astronomer (1855-1916).
Lubbock	-3.9	41.8	13	Sir John William; British astronomer, mathematician (1803-1865).

NOME	LONG.	LAT.	DIAM. KM	ORIGINE DEL NOME
Lubiniezky	-17.8	-23.8	43	Stanislaus; Polish astronomer (1623-1675).
Lucian	14.3	36.7	7	Of Samosata; Greek writer (125-190).
Lucretius	-8.2	-120.8	63	Titus Lucretius Carus; Roman scientific philosopher (c. 94-55 B.C.).
Ludwig	-7.7	97.4	23	Carl Friedrich Wilhelm; German physiologist (1816-1895).
Lundmark	-39.7	152.5	106	Knut Emil; Swedish astronomer (1889-1958).
Luther	33.2	24.1	9	Carl Theodor Robert; German astronomer (1822-1900).
Lyapunov	26.3	89.3	66	Aleksandr Mikhailovich; Russian mathematician, engineer (1857-1918).
Lyell	13.6	40.6	32	Sir Charles; Scottish geologist (1797-1875).
Lyman	-64.8	163.6	84	Theodore; American physicist (1874-1954).
Lyot	-49.8	84.5	132	Bernard Ferdinand; French astronomer (1897-1952).
M. Anderson	-41.6	-149	17	Michael Phillip; American astronaut, Space Shuttle Columbia Payload Commander (1959-2003).
Mach	18.5	-149.3	180	Ernst; Austrian physicist, philosopher (1838-1916).
Maclaurin	-1.9	68	50	Colin; Scottish mathematician (1698-1746). (Spelling changed from MacLaurin.)
Maclear	10.5	20.1	20	Sir Thomas; Irish-born South African astronomer (1794-1879).
MacMillan	24.2	-7.8	7	William Duncan; American mathematician, astronomer (1871-1948).
Macrobius	21.3	46	64	Ambrosius Aurelius Theodosius; Roman writer (unkn-fl. c. 410).
Mädler	-11	29.8	27	Johann Heinrich; German astronomer (1794-1874).
Maestlin	4.9	-40.6	7	Michael; German mathematician (1550-1631).
Magelhaens	-11.9	44.1	40	Fernao De (Ferdinand Magellan); Portuguese explorer (1480-1521).
Maginus	-50.5	-6.3	194	Magini, Giovanni Antonio; Italian astronomer, mathematician (1555-1617).
Main	80.8	10.1	46	Robert; British astronomer (1808-1878).
Mairan	41.6	-43.4	40	Jean Jacques D'Ortous De; French geophysicist (1678-1771).
Maksutov	-40.5	-168.7	83	Dmitrij Dmitrievich; Soviet optician (1896-1964).
Malapert	-84.9	12.9	69	Charles; Belgian astronomer, mathematician, philosopher (1581-1630).
Mallet	-45.4	54.2	58	Robert; Irish seismologist, engineer (1810-1881).
Malyy	21.9	105.3	41	Aleksandr L.; Soviet rocketry scientist (1907-1961).

NOME	LONG.	LAT.	DIAM. KM	ORIGINE DEL NOME
Mandel'shtam	5.4	162.4	197	Leonid Isaakovich; Soviet physicist (1879-1944).
Manilius	14.5	9.1	38	Marcus; Roman writer (unkn-c. 50 B.C.).
Mann	-23.1	120.1	23	Thomas; German writer (1875-1955).
Manners	4.6	20	15	Russell Henry; British astronomer (1800-1870).
Manuel	24.5	11.3	0.5	Spanish male name.
Manzinus	-67.7	26.8	98	Manzini, Carlo Antonio; Italian astronomer (1599-1677).
Maraldi	19.4	34.9	39	Giovanni Domenico; Italian-born French astronomer, geodesist (1709-1788); Giacomo Filippo; Italian-born French astronomer (1665-1729).
Marci	22.6	-167	25	Jan Marek Marci von Kronland; Czechoslovakian physicist (1595-1667).
Marco Polo	15.4	-2	28	Italian explorer (1254-1324).
Marconi	-9.6	145.1	73	Guglielmo; Italian physicist, inventor; Nobel laureate (1874-1937).
Marinus	-39.4	76.5	58	Of Tyre; Greek geographer (unkn-c. 100).
Mariotte	-28.5	-139.1	65	Edme; French physicist (1620-1684).
Marius	11.9	-50.8	41	Mayer, Simon; German astronomer (1573-1624).
Markov	53.4	-62.7	40	Aleksandr Vladimirovich; Soviet astrophysicist (1897-1968); Andrei Andreevich; Russian mathematician (1856-1922).
Marth	-31.1	-29.3	6	Albert; German astronomer (1828-1897).
Mary	18.9	27.4	1	English form of Hebrew female name.
Maskelyne	2.2	30.1	23	Nevil; British astronomer (1732-1811).
Mason	42.6	30.5	33	Charles; British astronomer (1730-1787).
Maunder	-14.6	-93.8	55	Annie Scott Dill Russell; British astronomer (1868-1947); Edward Walter; British astronomer (1851-1928).
Maupertuis	49.6	-27.3	45	Pierre Louis Moreau de; French mathematician (1698-1759).
Maurolycus	-42	14	114	Maurolico, Francesco; Italian mathematician (1494-1575).
Maury	37.1	39.6	17	Matthew Fontaine; American oceanographer (1806-1873); Antonia Caetana de Paiva Pereira; American astronomer (1866-1952).
Mavis	29.8	-26.4	1	Scottish female name.
Maxwell	30.2	98.9	107	James Clerk; British physicist (1831-1879).
McAdie	2.1	92.1	45	Alexander George; American meteorologist (1863-1943).

NOME	LONG.	LAT.	DIAM. KM	ORIGINE DEL NOME
McAuliffe	-33	-148.9	19	Sharon Christa Corrigan; civilian school teacher member of the Challenger crew (1948-1986).
McClure	-15.3	50.3	23	Robert Le Mesurier; British explorer (1807-1873).
McCool	-41.7	-146.3	21	William Cameron; American astronaut, Space Shuttle Columbia Pilot (1961-2003).
McDonald	30.4	-20.9	7	William Johnson; American benefactor (1844-1926); Thomas Logie; Scottish selenographer (1901-1973).
McKellar	-15.7	-170.8	51	Andrew; Canadian astronomer (1910-1960).
McLaughlin	47.1	-92.9	79	Dean Benjamin; American astronomer (1901-1965).
McMath	17.3	-165.6	86	Francis Charles; American engineer, astronomer (1867-1938); Robert Raynolds; American astronomer (1891-1962).
McNair	-35.7	-147.3	29	Ronald Ewald; member of the Challenger crew (1950-1986).
McNally	22.6	-127.2	47	Paul Aloysius; American astronomer (1890-1955).
Mechnikov	-11	-149	60	Ilya Ilich; Russian-French bacteriologist; Nobel laureate (1845-1916).
Mee	-43.7	-35.3	126	Arthur Butler Phillips; Scottish astronomer (1860-1926).
Mees	13.6	-96.1	50	Charles Edward Kenneth; British-born American photographer (1882-1960).
Meggers	24.3	123	52	William Frederick; American physicist (1888-1966).
Meitner	-10.5	112.7	87	Lise; Austrian physicist (1878-1968).
Melissa	8.1	121.8	18	Greek female name.
Mendel	-48.8	-109.4	138	Gregor Johann; Austrian biologist (1822-1884).
Mendeleev	5.7	140.9	313	Dmitri Ivanovich; Russian chemist (1834-1907).
Menelaus	16.3	16	26	Of Alexandria; Greek geometer, astronomer (c. A.D. 98).
Menzel	3.4	36.9	3	Donald Howard; American astrophysicist, Smithsonian researcher (1901-1976).
Mercator	-29.3	-26.1	46	Gerard De Kremer (Gerhardus Mercator); Belgian cartographer, geographer, mathematician (1512-1594).
Mercurius	46.6	66.2	67	Mercury; Roman mythical messenger.
Merrill	75.2	-116.3	57	Paul Willard; American astronomer (1887-1961).
Mersenius	-21.5	-49.2	84	Mersenne, Marin; French mathematician, physicist (1588-1648).

NOME	LONG.	LAT.	DIAM. KM	ORIGINE DEL NOME
Meshcherskiy	12.2	125.5	65	Ivan Vsevolodovich; Russian mathematician (1859-1935).
Messala	39.2	60.5	125	(Ma-Sa-Allah); Jewish astronomer (unkn- c. 815).
Messier	-1.9	47.6	11	Charles; French astronomer (1730-1817).
Metius	-40.3	43.3	87	Adriaan Adriaanszoon; Dutch astronomer (1571-1635).
Meton	73.6	18.8	130	Greek astronomer (unkn-fl. 432 B.C.).
Mezentsev	72.1	-128.7	89	Yurij B.; Soviet rocket scientist (1929-1965).
Michael	25.1	0.2	4	English male name.
Michelson	7.2	-120.7	123	Albert Abraham; German-American physicist; Nobel laureate (1852-1931).
Milankovič	77.2	168.8	101	Milutin; Yugoslavian astronomer (1879-1958).
Milichius	10	-30.2	12	Milich, Jacob; German doctor, mathematician, astronomer (1501-1559).
Miller	-39.3	0.8	61	William Allen; British chemist (1817-1870).
Millikan	46.8	121.5	98	Robert Andrews; American physicist; Nobel laureate (1868-1953).
Mills	8.6	156	32	Mark Muir; American physicist (1917-1958).
Milne	-31.4	112.2	272	Edward Arthur; British mathematician, astrophysicist (1896-1950).
Milton	-1.6	90.9	35	John; British writer (1608-1674).
Mineur	25	-161.3	73	Henri; French mathematician, astronomer (1899-1954).
Minkowski	-56.5	-146	113	Hermann; German mathematician (1864-1909); Rudolph Leo Bernhard; American astronomer (1895-1976).
Minnaert	-67.8	179.6	125	Marcel Gilles Jozef; Dutch astronomer, astrophysicist (1893-1970).
Mitchell	49.7	20.2	30	Maria; American astronomer (1818-1889).
Mitra	18	-154.7	92	Sisir Kumar; Indian physicist (1890-1963).
Möbius	15.8	101.2	50	August Ferdinand; German mathematician, astronomer (1790-1868).
Mohorovičić	-19	-165	51	Andrija; Croatian geophysicist (1857-1936). (Spelling changed from Mohoróvičic.).
Moigno	66.4	28.9	36	Francois Napoleon Marie; French mathematician, physicist (1804-1884).
Moiseev	9.5	103.3	59	Nikolay Dmitrievich; Soviet astronomer (1902-1955).

NOME	LONG.	LAT.	DIAM. KM	ORIGINE DEL NOME
Moissan	4.8	137.4	21	Ferdinand Frederic Henri; French chemist; Nobel laureate (1852-1907).
Moltke	-0.6	24.2	6	Helmuth Karl, Graf von; German benefactor (1800-1891).
Monge	-19.2	47.6	36	Gaspard; French mathematician (1746-1818).
Monira	-12.6	-1.7	2	Arabic female name.
Montaigne	-4.4	99.5	55	Michel De; French writer (1533-1592).
Montanari	-45.8	-20.6	76	Geminiano; Italian astronomer, mathematician (1633-1687).
Montesquieu	-6.2	92.3	0	Charles De Secondat, Baron De; French writer (1689-1755).
Montgolfier	47.3	-159.8	88	Jacques-Étienne; French inventor (1745-1799); Joseph-Michael; French inventor (1740-1810).
Moore	37.4	-177.5	54	Joseph Haines; American astronomer (1878-1949).
Moretus	-70.6	-5.8	111	Moret, Theodore; Belgian mathematician (1602-1667).
Morley	-2.8	64.6	14	Edward Williams; American chemist (1838-1923).
Morozov	5	127.4	42	Nikolaj Aleksandrovich; Soviet natural scientist (1854-1945).
Morse	22.1	-175.1	77	Samuel Finley Breese; American inventor (1791-1872).
Moseley	20.9	-90.1	90	Henry Gwyn Jeffreys; British physicist (1887-1915).
Mösting	-0.7	-5.9	24	Johan Sigismund von; Danish benefactor (1759-1843).
Mouchez	78.3	-26.6	81	Ernest Amedee Barthelemy; French astronomer (1821-1892).
Moulton	-61.1	97.2	49	Forest R.; American astronomer (1872-1952).
Müller	-7.6	2.1	22	Karl; Czechoslovakian astronomer (1866-1942).
Murakami	-23.3	-140.5	45	Harutaro; Japanese physicist, astronomer (1872-1947).
Murchison	5.1	-0.1	57	Sir Roderick Impey; Scottish geologist (1792-1871).
Mutus	-63.6	30.1	77	Vincente Mut, or Muth; Spanish astronomer (unkn-1673).
Nagaoka	19.4	154	46	Hantaro; Japanese physicist (1865-1940).
Nansen	80.9	95.3	104	Fridtjof; Norwegian explorer (1861-1930).
Naonobu	-4.6	57.8	34	Ajima; Japanese mathematician (c. 1732-1798).
Nasireddin	-41	0.2	52	Nasir-Al-Din (Mohammed Ibn Hassan); Persian astronomer (1201-1274).
Nasmyth	-50.5	-56.2	76	James; Scottish engineer, astronomer (1808-1890).
Nassau	-24.9	177.4	76	Jason John; American astronomer (1892-1965).

NOME	LONG.	LAT.	DIAM. KM	ORIGINE DEL NOME
Natasha	20	-31.3	12	Russian female name.
Naumann	35.4	-62	9	Karl Friedrich; German geologist (1797-1873).
Neander	-31.3	39.9	50	Neumann, Michael; German mathematician (1529-1581).
Nearch	-58.5	39.1	75	Nearchus of Crete; Greek explorer (unkn-fl. 312 B.C.).
Necho	-5	123.1	30	Egyptian geographer (610-593 B.C.).
Neison	68.3	25.1	53	(Neville), Edmund; British astronomer, selenographer (1849-1940).
Neper	8.5	84.6	137	John; Scottish mathematician (1550-1617).
Nernst	35.3	-94.8	116	Walther Hermann; German physical chemist; Nobel laureate (1864-1941).
Neujmin	-27	125	101	Grigorij Nikolaevich; Soviet astronomer (1885-1946).
Neumayer	-71.1	70.7	76	Georg Balthasar von; German meteorologist, hydrographer (1826-1909).
Newcomb	29.9	43.8	41	Simon; Canadian-American astronomer (1835-1909).
Newton	-76.7	-16.9	78	Sir Isaac; British mathematician, physicist, astronomer (1643-1727).
Nicholson	-26.2	-85.1	38	Seth Barnes; American astronomer (1891-1963).
Nicolai	-42.4	25.9	42	Friedrich Bernhard Gottfried; German astronomer (1793-1846).
Nicollet	-21.9	-12.5	15	Joseph Nicholas; French astronomer (1786-1843).
Nielsen	31.8	-51.8	9	Axel Vilfrid; Danish astronomer (1902-1970); Harald Herborg; American physicist (1903-1973).
Niepce	72.7	-119.1	57	Joseph-Nicéphore; French physicist, photographer (1765-1833). (Spelling changed from Niépce.)
Nijland	33	134.1	35	Albertus Antonie; Dutch astronomer (1868-1936).
Nikolaev	35.2	151.3	41	Andriyan Grigoryevich; Soviet cosmonaut (1929-2004).
Nishina	-44.6	-170.4	65	Yoshio; Japanese physicist (1890-1951).
Nobel	15	-101.3	48	Alfred Bernhard; Swedish inventor (1833-1896).
Nobile	-85.2	53.5	73	Umberto; Italian artic explorer (1885-1978).
Nobili	0.2	75.9	42	Leopoldo; Italian physicist (1784-1835).
Nöggerath	-48.8	-45.7	30	Johann Jakob; German geologist, mineralogist, seismologist (1788-1877).
Nonius	-34.8	3.8	69	Pedro Nuñez Salaciense; Portuguese mathematician (1502-1578).
Norman	-11.8	-30.4	10	Robert; British natural scientist (unkn-fl. c. 1590).

NOME	LONG.	LAT.	DIAM. KM	ORIGINE DEL NOME
Nöther (Noether)	66.6	-113.5	67	Emmy; German mathematician (1882-1935).
Novalis	-11.7	84.7	8	Noval, Friedrich von Hardenberg; German writer (1772-1801).
Numerov	-70.7	-160.7	113	Boris Vasilievich; Soviet astronomer (1891-1941).
Nunn	4.6	91.1	19	Joseph; American engineer (1905-1968).
Nu?l	32.3	167.6	61	Frantisek; Czechoslovakian astronomer (1867-1925). (Spelling changed from Nüsl.)
O'Day	-30.6	157.5	71	Marcus; American physicist (1897-1961).
Oberth	62.4	155.4	60	Hermann; Austrian space scientist (1894-1989).
Obruchev	-38.9	162.1	71	Vladimir Afanasievich; Soviet geologist (1863-1956).
Oenopides	57	-64.1	67	Of Chios; Greek astronomer, geometrician (500(?)-430 B.C.).
Oersted	43.1	47.2	42	Hans Christian; Danish physicist, chemist (1777-1851).
Ohm	18.4	-113.5	64	Georg Simon; German physicist (1789-1854).
Oken	-43.7	75.9	71	(Okenfuss), Lorenz; German biologist, physiologist (1779-1851).
Olbers	7.4	-75.9	74	Heinrich Wilhelm Matthäus; German astronomer, doctor (1758-1840).
Olcott	20.6	117.8	81	William Tyler; American astronomer (1873-1936).
Olivier	59.1	138.5	69	Charles Pollard; American astronomer (1884-1975).
Omar Khayyam	58	-102.1	70	Al-Khayyāmī Persian mathematician, astronomer, poet (c. 1048-c. 1131).
Onizuka	-36.2	-148.9	29	Ellison Shoji; member of the Challenger crew (1946-1986).
Opelt	-16.3	-17.5	48	Friedrich Wilhelm; German astronomer (1794-1863).
Oppenheimer	-35.2	-166.3	208	J. (Julius) Robert; American physicist (1904-1967).
Oppolzer	-1.5	-0.5	40	Theodor Ritter von; Czechoslovakian astronomer (1841-1886).
Oresme	-42.4	169.2	76	Oresme, Nicole; French mathematician (1323(?)-1382).
Orlov	-25.7	-175	81	Aleksandr Iakovlevich; Soviet astronomer (1880-1954); Sergei Vladimirovich; Soviet astronomer (1880-1958).
Orontius	-40.6	-4.6	105	Oronce Fine (Orontius Finaeus Delphinatus); French mathematician, cartographer (1494-1555).
Osama	18.6	5.2	0.5	Arabic male name
Osiris	18.6	27.6	1	Egyptian god of the dead
Osman	-11	-6.2	2	Turkish male name.
Ostwald	10.4	121.9	104	Wilhelm; German chemist; Nobel laureate (1853-1932).

NOME	LONG.	LAT.	DIAM. KM	ORIGINE DEL NOME
Palisa	-9.4	-7.2	33	Johann; Czechoslovakian-Austrian astronomer (1848-1925).
Palitzsch	-28	64.5	41	Johann Georg; German astronomer (1723-1788).
Pallas	5.5	-1.6	46	Peter Simon; German-born Russian geologist, natural historian (1741-1811).
Palmieri	-28.6	-47.7	40	Luigi; Italian physicist, mathematician (1807-1896).
Paneth	63	-94.8	65	Friedrich Adolf; German chemist (1887-1958).
Pannekoek	-4.2	140.5	71	Antonie; Dutch astronomer (1873-1960).
Papaleksi	10.2	164	97	Nikolaj Dmitrievich; Soviet physicist (1880-1947).
Paracelsus	-23	163.1	83	Philippus Aureolus Theophrastus Bombast von Hohenheim; Swiss-German doctor, chemist (1493-1541).
Paraskevopoulos	50.4	-149.9	94	John Stefanos; Greek-American astronomer (1889-1951).
Parenago	25.9	-108.5	93	Pavel Petrovich; Soviet astronomer (1906-1960).
Parkhurst	-33.4	103.6	96	John A.; American astronomer (1861-1925).
Parrot	-14.5	3.3	70	Johann Jacob Friedrich Wilhelm; Russian doctor, physicist (1792-1840).
Parry	-7.9	-15.8	47	William Edward; British explorer (1790-1855).
Parsons	37.3	-171.2	40	John "Jack" Whiteside; American rocketry scientist (1914-1952).
Pascal	74.6	-70.3	115	Blaise; French mathematician (1623-1662).
Paschen	-13.5	-139.8	124	Friedrich; German physicist (1865-1940).
Pasteur	-11.9	104.6	224	Louis; French chemist, microbiologist (1822-1895).
Patricia	25	0.3	5	English female name.
Patsaev	-16.7	133.4	55	Viktor Ivanovich; Soviet engineer, cosmonaut (1933-1971).
Pauli	-44.5	137.5	84	Wolfgang; Austrian-American physicist; Nobel laureate (1900-1958).
Pavlov	-28.8	142.5	148	Ivan Petrovich; Soviet physiologist; Nobel laureate (1849-1936).
Pawsey	44.5	145	60	Joseph Lade; Australian radio astronomer (1908-1962).
Peary	88.6	33	73	Robert Edwin; American explorer (1856-1920).
Pease	12.5	-106.1	38	Francis Gladheim; American astronomer (1881-1938).
Peek	2.6	86.9	12	Bertrand Meigh; British astronomer (1891-1965).
Peirce	18.3	53.5	18	Benjamin; American mathematician, astronomer (1809-1880).

NOME	LONG.	LAT.	DIAM. KM	ORIGINE DEL NOME
Peirescius	-46.5	67.6	61	Peiresc, Nicolas Claude Fabri De; French astronomer, archaeologist (1580-1637).
Pentland	-64.6	11.5	56	Joseph Barclay; Irish geographer (1797-1873).
Perel'man	-24	106	46	Yakov Isidorovich; Soviet rocketry scientist (1882-1942).
Perepelkin	-10	129	97	Yevgenii Yakovlevich; Soviet astrophysicist (1906-1938).
Perkin	47.2	-175.9	62	Richard Scott; American telescope manufacturer (1906-1969).
Perrine	42.5	-127.8	86	Charles Dillon; American astronomer (1867-1951).
Petavius	-25.1	60.4	188	Petau, Denis; French chronologist, astronomer (1583-1652).
Petermann	74.2	66.3	73	August Heinrich; German geographer (1822-1878).
Peters	68.1	29.5	15	Christian August Friedrich; German astronomer (1806-1880).
Petit	2.3	63.5	5	Alexis Therese; French physicist (1771-1820).
Petrie	45.3	108.4	33	Robert Methven; Scottish-born Canadian astrophysicist (1906-1966).
Petropavlovskiy	37.2	-114.8	63	Boris S.; Soviet rocketry engineer (1898-1933).
Petrov	-61.4	88	49	Evgenij S.; Soviet rocketry scientist (1900-1942).
Pettit	-27.5	-86.6	35	Edison; American astronomer (1889-1962).
Petzval	-62.7	-110.4	90	Joseph von; Austrian optician (1807-1891).
Phillips	-26.6	75.3	122	John; British geologist, astronomer (1800-1874).
Philolaus	72.1	-32.4	70	Of Croton; Greek mathematician, astronomer, philosopher (unkn-fl. 400 B.C.).
Phocylides	-52.7	-57	121	Johannes Phocylides Holwarda (Jan Fokker); Dutch astronomer (1618-1651).
Piazzi	-36.6	-67.9	134	Giuseppe; Italian astronomer (1746-1826).
Piazzi Smyth	41.9	-3.2	13	Charles; Italian-born Scottish astronomer (1819-1900).
Picard	14.6	54.7	22	Jean; French astronomer (1620-1682).
Piccolomini	-29.7	32.2	87	Alessandro; Italian astronomer (1508-1578).
Pickering	-2.9	7	15	Edward Charles; American astronomer (1846-1919); William H.; American astronomer (1858-1938).
Pictet	-43.6	-7.4	62	Pictet-Turretin, Marc-Auguste; Swiss physicist (1752-1825).
Pikel'ner	-47.9	123.3	47	Solomon Borisovich; Soviet astronomer, cosmologist (1921-1975).
Pilâtre	-60.2	-86.9	50	Jean-François Pilâtre de Rozier; French aeronaut (1756-1785).

NOME	LONG.	LAT.	DIAM. KM	ORIGINE DEL NOME
Pingré	-58.7	-73.7	88	Alexandre Guy; French astronomer (1711-1796).
Pirandello	2.8	88.8	8	Luigi; Italian playwright, novelist (1867-1936).
Pirquet	-20.3	139.6	65	Baron Guido von; Austrian (spacecraft trajectories) astronaut (1867-1936).
Pitatus	-29.9	-13.5	106	Pitati, Pietro; Italian astronomer, mathematician (unkn.-fl. c. 1500).
Pitiscus	-50.4	30.9	82	Bartholemaeus; German mathematician (1561-1613).
Pizzetti	-34.9	118.8	44	Paolo; Italian geodesist (1860-1918).
Plana	42.2	28.2	44	Baron Giovanni Antonio Amedeo; Italian astronomer, geometrician (1781-1864).
Planck	-57.9	136.8	314	Max Karl Ernst; German physicist; Nobel laureate (1858-1947).
Planté	-10.2	163.3	37	Gaston; French physicist (1834-1889).
Plaskett	82.1	174.3	109	John Stanley; Canadian astronomer (1865-1941).
Plato	51.6	-9.4	109	Greek philosopher c.428-c.347 B.C.
Playfair	-23.5	8.4	47	John; Scottish mathematician, geologist (1748-1819).
Plinius	15.4	23.7	43	Gaius Plinius Secundus (The Elder); Roman natural scientist (23-79).
Plummer	-25	-155	73	Henry Crozier Keating; British astronomer (1875-1946).
Plutarch	24.1	79	68	Greek biographer (c. A.D.46-c. 120).
Poczobutt	57.1	-98.8	195	Martin Odlanicky; Polish astronomer (1728-1810).
Pogson	-42.2	110.5	50	Norman Robert; British astronomer (1829-1891).
Poincaré	-56.7	163.6	319	Jules Henri; French mathematician, physicist (1854-1912).
Poinsot	79.5	-145.7	68	Louis; French mathematician (1777-1859).
Poisson	-30.4	10.6	42	Simeon Denis; French mathematician (1781-1840).
Polybius	-22.4	25.6	41	Greek historian (204(?)-122(?) B.C.).
Polzunov	25.3	114.6	67	Ivan Ivanovich; Russian heat engineer (1728-1766).
Pomortsev	0.7	66.9	23	Mikhail Mikhailovich; Russian rocketry scientist (1851-1916).
Poncelet	75.8	-54.1	69	Jean-Victor; French mathematician, engineer (1788-1867).
Pons	-25.3	21.5	41	Jean Louis; French astronomer (1761-1831).
Pontanus	-28.4	14.4	57	Pontano, Giovanni Gioviani; Italian astronomer (1427-1503).
Pontécoulant	-58.7	66	91	Philippe Gustave Doulcet, Comte De Pontécoulant; French mathematician (1795-1874).
Pope	-9.5	89	17	Alexander; British writer (1688-1744).

NOME	LONG.	LAT.	DIAM. KM	ORIGINE DEL NOME
Popov	17.2	99.7	65	Aleksandr Stepanovich; Russian physicist, engineer (1859-1905); C.; Bulgarian astronomer (1880-1966).
Porter	-56.1	-10.1	51	Russell Williams; American telescope designer (1871-1949).
Posidonius	31.8	29.9	95	Of Apamea; Greek geographer (135(?)-51(?) B.C.).
Poynting	18.1	-133.4	128	John Henry; British physicist (1852-1914).
Prager	-3.9	130.5	60	Richard; German-American astronomer (1883-1945).
Prandtl	-60.1	141.8	91	Ludwig; German physicist (1875-1953).
Priestley	-57.3	108.4	52	Joseph; British chemist (1733-1804).
Prinz	25.5	-44.1	46	Wilhelm; German-Belgian astronomer (1857-1910).
Priscilla	-10.9	-6.2	1.8	Latin female name.
Proclus	16.1	46.8	28	Diadochos (The Successor); Greek mathematician, astronomer, philosopher (410-485).
Proctor	-46.4	-5.1	52	Mary; American astronomer (1862-1957).
Protagoras	56	7.3	21	Greek philosopher (c. 485-415 B.C.).
Ptolemaeus	-9.3	-1.9	164	Ptolemy, Claudius; Greek astronomer, mathematician, geographer (c. 87-150).
Puiseux	-27.8	-39	24	Pierre; French astronomer (1855-1928).
Pupin	23.8	-11	2	Michael Idvorsky; Yugoslavian-American physicist and inventor (1858-1935).
Purbach	-25.5	-2.3	115	Georg von; Austrian mathematician, astronomer (1423-1461).
Purkyně	-1.6	94.9	48	Jan Evangelista; Czechoslovakian doctor, physiologist (1787-1869).
Pythagoras	63.5	-63	142	Of Samos; Greek philosopher, mathematician (unkn-fl. c. 532 B.C.).
Pytheas	20.5	-20.6	20	Of Marseilles; Greek navigator, geographer (b. c. 308 B.C.).
Quételet	43.1	-134.9	55	Lambert Aldophe Jacques; Belgian statistician, astronomer (1796-1874).
Rabbi Levi	-34.7	23.6	81	Gershon, Levi Ben; French philosopher, mathematician, astronomer (1288-1344).
Racah	-13.8	-179.8	63	Giulio; Italian-Israeli physicist (1909-1965).
Racine	-8.3	99	30	Jean Baptiste; French playwright (1639-1699).
Raimond	14.6	-159.3	70	Jean Jacques, Jr.; Dutch astronomer (1903-1961).
Raman	27	-55.1	10	Chandrasekhara Venkata; Indian physicist; Nobel laureate (1888-1970).

NOME	LONG.	LAT.	DIAM. KM	ORIGINE DEL NOME
Ramon	-41.6	-148.1	17	Ilan; Israeli astronaut, Space Shuttle Columbia Payload Specialist (1954-2003).
Ramsay	-40.2	144.5	81	Sir William; British chemist; Nobel laureate (1852-1916).
Ramsden	-32.9	-31.8	24	Jesse; British instrument maker (1735-1800).
Rankine	-3.9	71.5	8	William John Macquorn; Scottish physicist, engineer (1820-1872).
Raspletin	-22.5	151.8	48	Aleksandr Andreyevich; Soviet radio engineer (1908-1967).
Ravi	-12.5	-1.9	2.5	Indian male name.
Rayet	44.7	114.5	27	Georges-Antoine-Pons; French astronomer (1839-1906).
Rayleigh	29.3	89.6	114	John William Strutt, Lord Rayleigh; British physicist; Nobel laureate (1842-1919).
Razumov	39.1	-114.3	70	Vladimir V.; Soviet rocket builder (1890-1967).
Réaumur	-2.4	0.7	52	René-Antoine Ferchault de; French physicist (1683-1757).
Recht	9.8	124	20	Albert W.; American astronomer, mathematician (1892-1962).
Regiomontanus	-28.3	-1	108	Muller, Johann; German astronomer, mathematician (1436-1476).
Regnault	54.1	-88	46	Henri Victor; French chemist; physicist (1810-1878).
Reichenbach	-30.3	48	71	Georg von; German optician (1772-1826).
Reimarus	-47.7	60.3	48	Baer, Nicolai Reymers; German mathematician (c. 1550-c. 1600).
Reiner	7	-54.9	29	Reinieri, Vincentio; Italian astronomer, mathematician (unkn-1648).
Reinhold	3.3	-22.8	42	Erasmus; German astronomer, mathematician (1511-1553).
Repsold	51.3	-78.6	109	Johann Georg; German inventor (1770-1830).
Resnik	-33.8	-150.1	20	Judith Arlene; member of the Challenger crew (1949-1986). Note: Formerly Borman X
Respighi	2.8	71.9	18	Lorenzo; Italian astronomer (1824-1890).
Rhaeticus	0	4.9	45	Georg Joachim von Lauchen of Rhaetia; Hungarian astronomer, mathematician (1514-1576).
Rheita	-37.1	47.2	70	Anton Maria Schyrle of Rhaetia; Czechoslovakian astronomer, optician (c. 1597-1660).
Riccioli	-3.3	-74.6	139	Giovanni Battista; Italian astronomer (1598-1671).
Riccius	-36.9	26.5	71	Augustine; Italian astronomer (fl. 1513); Ricci, Matteo; Italian mathematician, geographer (1552-1610).

NOME	LONG.	LAT.	DIAM. KM	ORIGINE DEL NOME
Ricco	75.6	176.3	65	Annibale; Italian astronomer (1844-1911).
Richards	7.7	140.1	16	Theodore William; American chemist; Nobel laureate (1868-1928).
Richardson	31.1	100.5	141	Sir Owen Willans; British quantum physicist; Nobel laureate (1879-1959).
Riedel	-48.9	-139.6	47	Klaus; German rocketry scientist (1907-1944); Walter; German rocket scientist (1902-1968).
Riemann	38.9	86.8	163	Georg Friedrich Bernhard; German mathematician (1826-1866).
Ritchey	-11.1	8.5	24	George Willis; American astronomer, optician (1864-1945).
Rittenhouse	-74.5	106.5	26	David; American inventor, astronomer, mathematician (1732-1796).
Ritter	2	19.2	29	Karl; German geographer (1779-1859); Georg August Dietrich; German astrophysicist (1926-1908).
Ritz	-15.1	92.2	51	Walter; Swiss physicist (1878-1909).
Robert	19	27.4	1	English male name.
Roberts	71.1	-174.5	89	Alexander William; South African astronomer (1857-1938); Isaac; British astronomer (1829-1904).
Robertson	21.8	-105.2	88	Howard Percy; American physicist, mathematician (1903-1961).
Robinson	59	-45.9	24	(John) Thomas Romney; Irish astronomer, physicist, meteorologist (1792-1882).
Rocca	-12.7	-72.8	89	Giovanni Antonio; Italian mathematician (1607-1656).
Rocco	28.9	-45	4	Italian male name.
Roche	-42.3	136.5	160	Édouard Albert; French astronomer (1820-1883).
Romeo	7.5	122.6	8	Italian male name.
Römer	25.4	36.4	39	Ole; Danish astronomer (1644-1710).
Röntgen	33	-91.4	126	Wilhelm Conrad; German physicist; Nobel laureate (1845-1923).
Rosa	20.3	-32.3	1	Spanish female name.
Rosenberger	-55.4	43.1	95	Otto August; German astronomer, mathematician (1800-1890).
Ross	11.7	21.7	24	James Clark; British explorer (1800-1862); Frank Elmore; American astronomer, optician (1874-1966).
Rosse	-17.9	35	11	William Parsons, Earl of Rosse; Irish astronomer (1800-1867).
Rosseland	-41	131	75	Svein; Norwegian astrophysicist (1894-1985).
Rost	-56.4	-33.7	48	Johann Leonhard; German astronomer (1688-1727).
Rothmann	-30.8	27.7	42	Christopher; German astronomer (unkn-1600).

NOME	LONG.	LAT.	DIAM. KM	ORIGINE DEL NOME
Rowland	57.4	-162.5	171	Henry Augustus; American physicist (1848-1901).
Rozhdestvenskiy	85.2	-155.4	177	Dmitriy Sergeevich; Soviet physicist (1876-1940).
Rumford	-28.8	-169.8	61	Benjamin Thompson, Count Rumford; British physicist (1753-1814).
Runge	-2.5	86.7	38	Carl David Tolme; German mathematician (1856-1927).
Russell	26.5	-75.4	103	Henry Norris; American astronomer (1877-1957); John; British artist, selenographer (1745-1806).
Ruth	28.7	-45.1	3	Hebrew female name.
Rutherford	10.7	137	13	Sir Ernest; British physicist; Nobel laureate (1871-1937).
Rutherfurd	-60.9	-12.1	48	Lewis Morris; American astronomer (1816-1892).
Rydberg	-46.5	-96.3	49	Johannes Robert; Swedish physicist (1854-1919).
Ryder	-44.5	143.2	17	Graham; United Kingdom-born, American geologist (1949-2002).
Rynin	47	-103.5	75	Nikolaj Alexsevitch; Soviet rocketry scientist (1877-1942).
Sabatier	13.2	79	10	Paul; French chemist; Nobel laureate (1854-1941).
Sabine	1.4	20.1	30	Sir Edward; Irish physicist, astronomer (1788-1883).
Sacrobosco	-23.7	16.7	98	John of Holywood, Johannes Sacrobuschus; British astronomer, mathematician (c. 1200-1256).
Saenger	4.3	102.4	75	Eugen; German rocketry scientist (1905-1964).
Šafařík	10.6	176.9	27	Vojtech; Czechoslovakian astronomer (1829-1902).
Saha	-1.6	102.7	99	Meghnad; Indian astrophysicist (1893-1956).
Samir	28.5	-34.3	2	Arabic male name.
Sampson	29.7	-16.5	1	Ralph Allen; Irish-born British astronomer, mathematician (1866-1939).
Sanford	32.6	-138.9	55	Roscoe Frank; American astronomer (1883-1958).
Santbech	-20.9	44	64	Daniel Santbech Noviomagus; Dutch mathematician, astronomer (unkn-fl. 1561).
Santos-Dumont	27.7	4.8	8	Alberto; Brazilian aeronautical engineer (1873-1932).
Sappho	-25	133.2	28	Greek poetess (unkn-c. 600 B.C.).
Sarabhai	24.7	21	7	Vikram Ambalal; Indian astrophysicist (1919-1971).
Sarton	49.3	-121.1	69	George Alfred Leon; Belgian-American historian of science (1884-1956).
Sasserides	-39.1	-9.3	90	Sasceride, Gellio; Danish astronomer, doctor (1562-1612).

NOME	LONG.	LAT.	DIAM. KM	ORIGINE DEL NOME
Saunder	-4.2	8.8	44	Samuel Arthur; British mathematician, selenographer (1852-1912).
Saussure	-43.4	-3.8	54	Horace Benedict De; Swiss geologist (1740-1799).
Scaliger	-27.1	108.9	84	Joseph Justus; French chronologist (1540-1609).
Schaeberle	-26.2	117.2	62	John Martin; American astronomer (1853-1924).
Scheele	-9.4	-37.8	4	Carl Wilhelm; Swedish chemist (1742-1786).
Scheiner	-60.5	-27.5	110	Christoph; German astronomer (1573-1650).
Schiaparelli	23.4	-58.8	24	Giovanni Virginio; Italian astronomer (1835-1910).
Schickard	-44.3	-55.3	206	Wilhelm; German astronomer, mathematician (1592-1635).
Schiller	-51.9	-39	180	Julius; German astronomer (unkn-fl. 1627).
Schjellerup	69.7	157.1	62	Hans Carl; Danish astronomer (1827-1887).
Schlesinger	47.4	-138.6	97	Frank; American astronomer (1871-1943).
Schliemann	-2.1	155.2	80	Heinrich; German archaeologist (1822-1890).
Schlüter	-5.9	-83.3	89	Heinrich; German astronomer (1815-1844).
Schmidt	1	18.8	11	Johann Friedrich Julius; German astronomer (1825-1884); Bernhard Voldemar; German optician (1879-1935); Otto Yulyevich; Soviet astronomer (1891-1956).
Schneller	41.8	-163.6	54	Schneller, Herbert; German astronomer (1901-1967).
Schomberger	-76.7	24.9	85	Georg; Austrian astronomer, mathematician (1597-1645).
Schönfeld	44.8	-98.1	25	Eduard; German astronomer (1828-1891).
Schorr	-19.5	89.7	53	Richard; German astronomer (1867-1951).
Schrödinger	-75	132.4	312	Schrödinger, Erwin; Austrian physicist; Nobel laureate (1887-1961).
Schröter	2.6	-7	35	Johann Hieronymus; German astronomer (1745-1816).
Schubert	2.8	81	54	Theodor Friedrich von; Russian cartographer (1789-1865).
Schumacher	42.4	60.7	60	Heinrich Christian; German astronomer (1780-1850).
Schuster	4.2	146.5	108	Sir Arthur; British mathematician, physicist (1851-1934).
Schwabe	65.1	45.6	25	Samuel Heinrich; German astronomer (1789-1875).
Schwarzschild	70.1	121.2	212	Karl; German astronomer (1873-1916).

NOME	LONG.	LAT.	DIAM. KM	ORIGINE DEL NOME
Scobee	-31.1	-148.9	40	Francis Richard "Dick"; member of the Challenger crew (1939-1986).
Scoresby	77.7	14.1	55	William; British explorer (1789-1857).
Scott	-82.1	48.5	103	Robert Falcon; British explorer (1868-1912).
Seares	73.5	145.8	110	Frederick Hanley; American astronomer (1873-1964).
Secchi	2.4	43.5	22	Pietro Angelo; Italian astronomer, astrophysicist (1818-1878).
Sechenov	-7.1	-142.6	62	Ivan Mikhaylovich; Russian physiologist (1829-1905).
Seeliger	-2.2	3	8	Hugo von; German astronomer (1849-1924).
Segers	47.1	127.7	17	Carlos; Argentinean astronomer (1900-1967).
Segner	-58.9	-48.3	67	Johann Andreas von; German physicist, mathematician (1704-1777).
Seidel	-32.8	152.2	62	Philipp Ludwig von; German astronomer, mathematician (1821-1896).
Seleucus	21	-66.6	43	Babylonian astronomer (unkn-fl. c. 150 B.C.).
Seneca	26.6	80.2	46	Lucius Annaeus; Roman philosopher, natural scientist (4 B.C.- A.D. 65).
Seyfert	29.1	114.6	110	Carl Keenan; American astronomer (1911-1960).
Shackleton	-89.9	0	19	Sir Ernest Henry; Irish-born British Antarctic explorer (1874-1922).
Shahinaz	7.5	122.4	15	Turkish female name.
Shaler	-32.9	-85.2	48	Nathaniel Southgate; American geologist, paleontologist (1841-1906).
Shapley	9.4	56.9	23	Harlow; American astronomer (1885-1972).
Sharonov	12.4	173.3	74	Vsevolod Vasilievich; Soviet astronomer (1901-1964).
Sharp	45.7	-40.2	39	Abraham; British astronomer, mathematician (1651-1742).
Shatalov	24.3	141.5	21	Vladimir Alexandrovich; Soviet cosmonaut (1927-Live).
Shayn	32.6	172.5	93	Grigorii Abramovich; Soviet astrophysicist (1892-1956).
Sheepshanks	59.2	16.9	25	Anne; British benefactor (1789-1876).
Shekhov (Chekhov)	-6.6	82	19	Anton Pavlovich; Russian writer (1860-1904).
Sherrington	-11.1	118	18	Sir Charles Scott; British neurophysiologist; Nobel laureate (1856-1952).
Shi Shen	76	104.1	43	Shi(H) Shen; Chinese astronomer (unkn-c. 300 B.C.).
Shirakatsi	-12.1	128.6	51	Anania; Armenian geographer (620(?)-685(?)).

NOME	LONG.	LAT.	DIAM. KM	ORIGINE DEL NOME
Shoemaker	-88.1	44.9	50.9	Eugene Merle; American astrogeologist (1928-1997).
Short	-74.6	-7.3	70	James; Scottish mathematician, optician (1710-1768).
Shternberg (Sternberg)	19.5	-116.3	70	Pavel Karlovich; Russian astronomer (1865-1920).
Shuckburgh	42.6	52.8	38	Sir George; British geographer, benefactor (1751-1804).
Shuleykin	-27.1	-92.5	15	Mikhail Vasil'evich; Soviet radio engineer (1884-1939). (Spelling changed from Shulejkin.)
Siedentopf	22	135.5	61	Heinrich; German astronomer (1906-1963).
Sierpinski	-27.2	154.5	69	Waclaw; Polish mathematician (1882-1969).
Sikorsky	-66.1	103.2	98	Igor Ivanovich; Russian-American aeronautical engineer (1889-1972).
Silberschlag	6.2	12.5	13	Johann Esaias; German astronomer (1721-1791).
Simpelius	-73	15.2	70	Sempill, Hugh; Scottish mathematician (1596-1654).
Sinas	8.8	31.6	11	Simon; Greek benefactor (1810-1876).
Sirsalis	-12.5	-60.4	42	Sersale, Gerolamo; Italian astronomer (1584-1654).
Sisakyan	41.2	109	34	Noraír Martirósovich; Soviet doctor and biochemist (1907-1966).
Sita	4.6	120.8	2	Indian female name.
Sklodowska	-18.2	95.5	127	Marie (Madame Curie); Polish physicist, chemist, Nobel laureate (1867-1934).
Slipher	49.5	160.1	69	Earl Charles; American astronomer (1883-1964); Vesto Melvin; American astronomer (1875-1969).
Slocum	-3	89	13	Frederick; American astronomer (1873-1944).
Smith	-31.6	-150.2	34	Michael John; member of the Challenger crew (1945-1986).
Smithson	2.4	53.6	5	James; British chemist, mineralogist (1765-1829).
Smoluchowski	60.3	-96.8	83	Marian; Polish physicist (1872-1917).
Snellius	-29.3	55.7	82	Snell, Willebrod van Roijen; Dutch mathematician, astronomer, optician (1591-1626).
Sniadecki	-22.5	-168.9	43	Jan; Polish astronomer, mathematician (1756-1830).
Soddy	0.4	121.8	42	Frederick; British physicist; Nobel laureate (1877-1956).
Somerville	-8.3	64.9	15	Mary Fairfax; Scottish physicist, mathematician (1780-1872).
Sommerfeld	65.2	-162.4	169	Arnold Johannes Wilhelm; German physicist (1868-1951).
Sömmering	0.1	-7.5	28	Samuel Thomas von; German doctor (1755-1830).
Sophocles	-21.5	119.8	0	Greek philosopher (c. 495-406 B.C.).

NOME	LONG.	LAT.	DIAM. KM	ORIGINE DEL NOME
Soraya	-12.9	-1.6	2	Persian female name.
Sosigenes	8.7	17.6	17	Greek astronomer, chronologist (unkn-fl. 46 B.C.).
South	58	-50.8	104	James; British astronomer (1785-1867).
Spallanzani	-46.3	24.7	32	Lazzaro; Italian natural scientist, biologist (1729-1799).
Spencer Jones	13.3	165.6	85	Sir Harold; British astronomer (1890-1960).
Spörer	-4.3	-1.8	27	Friedrich Wilhelm Gustav; German astronomer (1822-1895).
Spurr	27.9	-1.2	13	Josiah Edward; American geologist (1870-1950).
St. John	10.2	150.2	68	Charles Edward; American solar physicist, astronomer (1857-1935).
Stadius	10.5	-13.7	69	Stade, Jan; Belgian astronomer, mathematician (1527-1579).
Stark	-25.5	134.6	49	Johannes; German physicist; Nobel laureate (1874-1957).
Stearns	34.8	162.6	36	Carl Leo; American astronomer (1892-1972).
Stebbins	64.8	-141.8	131	Joel; American astronomer (1878-1966).
Stefan	46	-108.3	125	Josef; Austrian physicist (1835-1893).
Stein	7.2	179	33	Johann Willem Jakob Antoon; Dutch astronomer (1871-1951).
Steinheil	-48.6	46.5	67	Karl August von; German astronomer, physicist (1801-1870).
Steklov	-36.7	-104.9	36	Vladimir Andreevich; Soviet mathematician (1864-1926).
Stella	19.9	29.8	1	Latin female name.
Steno	32.8	161.8	31	Nicolaus; Danish doctor (1638-1686).
Sternfeld	-19.6	-141.2	100	Ari Abramovich; Soviet space scientist (1905-1980). Note: Formerly Lodygin G
Stetson	-39.6	-118.3	64	Harlan True; American astronomer, geophysicist (1885-1964).
Stevinus	-32.5	54.2	74	Stevin, Simon; Belgian mathematician, physicist (1548-1620).
Stewart	2.2	67	13	John Quincy; American astrophysicist (1894-1972).
Stiborius	-34.4	32	43	Stoberl, Andreas; German astronomer, mathematician (1465-1515).
Stöfler	-41.1	6	126	Johann; German astronomer, mathematician (1452-1531).
Stokes	52.5	-88.1	51	Sir George Gabriel; British mathematician, physicist (1819-1903).
Stoletov	45.1	-155.2	42	Aleksandr Grigorievich; Russian physicist (1839-1896).
Stoney	-55.3	-156.1	45	George Johnstone; Irish physicist (1826-1911).

NOME	LONG.	LAT.	DIAM. KM	ORIGINE DEL NOME
Störmer	57.3	146.3	69	Fredrik Carl Mülertz; Norwegian mathematician and astronomer, aurora research (1874-1957).
Strabo	61.9	54.3	55	Greek geographer (54 B.C.- A.D. 24).
Stratton	-5.8	164.6	70	Frederick John Marrion; British astronomer, astrophysicist (1881-1960).
Street	-46.5	-10.5	57	Thomas; British astronomer (1621-1689).
Strömgren	-21.7	-132.4	61	Elis; Danish astronomer (1870-1947).
Struve	22.4	-77.1	164	Otto Wilhelm von; German-born Russian astronomer (1819-1905); Otto; American astronomer (1897-1963); Friedrich Georg Wilhelm von; German-born Russian astronomer (1793-1864).
Subbotin	-29.2	135.3	67	Mikhail Fedorovich; Soviet astronomer (1893-1966).
Suess	4.4	-47.6	8	Eduard; Austrian geologist (1831-1914).
Sulpicius Gallus	19.6	11.6	12	Gaius; Roman astronomer (unkn-fl. c. B.C. 166).
Sumner	37.5	108.7	50	Thomas Hubbard; American geographer, navigator (1807-1876).
Sundman	10.8	-91.6	40	Karl Frithiof; Finnish astronomer (1873-1949).
Sung-Mei	24.6	11.3	5	Chinese female name.
Susan	-11	-6.3	1	English female name.
Sverdrup	-88.5	-152	35	Otto; Norwegian polar explorer (1855-1930).
Swann	52	112.7	42	William Francis Gray; Anglo-American physicist (1884-1962).
Swasey	-5.5	89.7	23	Ambrose; American inventor (1846-1937).
Swift	19.3	53.4	10	Lewis; American astronomer (1820-1913).
Sylvester	82.7	-79.6	58	James Joseph; British mathematician (1814-1897).
Szilard	34	105.7	122	Leo; Hungarian-American physicist (1898-1964).
T. Mayer	15.6	-29.1	33	Johann Tobias; German astronomer (1723-1762).
Tacchini	4.9	85.8	40	Pietro; Italian astronomer (1838-1905).
Tacitus	-16.2	19	39	Cornelius; Roman historian (c. 55-120).
Tacquet	16.6	19.2	7	Andre; Belgian mathematician (1612-1660).
Taizo	24.7	2.2	6	Japanese male name.
Talbot	-2.5	85.3	11	William Henry Fox; British photographer, physicist, archaeologist (1800-1877).
Tamm	-4.4	146.4	38	Igor Yevgenyevich; Soviet physicist, Nobel laureate (1895-1971).

NOME	LONG.	LAT.	DIAM. KM	ORIGINE DEL NOME
Tannerus	-56.4	22	28	Tanner, Adam; Austrian mathematician (1572-1632).
Taruntius	5.6	46.5	56	Firmanus, Lucius; Roman philosopher (unkn-fl. 86 B.C.).
Tasso	-0.7	92	52	Torquato; Italian poet (1544-1595).
Taylor	-5.3	16.7	42	Brook; British mathematician (1685-1731).
Tebbutt	9.6	53.6	31	John; Australian astronomer (1834-1916).
Teisserenc	32.2	-135.9	62	de Bort, Leon-Philippe; French meteorologist (1855-1913).
Tempel	3.9	11.9	45	Ernst Wilhelm Leberecht; German astronomer (1821-1889).
Ten Bruggencate	-9.5	134.4	59	Paul; German astronomer (1901-1961).
Tereshkova	28.4	144.3	31	Valentina Vladimirovna; Soviet cosmonaut (1937-Live).
Tesla	38.5	124.7	43	Nikola; Croatian-American inventor (1856-1943).
Thales	61.8	50.3	31	Of Miletus; Greek mathematician, astronomer, philosopher (c. 636-546 B.C.).
Theaetetus	37	6	24	Greek mathematician (c. 417-369 B.C.).
Thebit	-22	-4	56	Al-Sābi' al-Harrani Thābit Ibn Qurra; Iraqi astronomer (836-901).
Theiler	13.4	83.3	7	Max; South African bacteriologist; Nobel laureate (1899-1972).
Theon Junior	-2.3	15.8	17	Of Alexandria; Greek astronomer (unkn-c. 380).
Theon Senior	-0.8	15.4	18	Of Smyrna; Greek mathematician and astronomer (c. A.D. 130).
Theophilus	-11.4	26.4	110	Greek astronomer (unkn-A.D. 412).
Theophrastus	17.5	39	9	Greek philosopher and scientist (c. 372-287 B.C.).
Thiel	40.7	-134.5	32	Walter; German rocket builder (1910-1943).
Thiessen	75.4	-169	66	Georg Heinrich; German astronomer (1914-1961).
Thomson	-32.7	166.2	117	Sir Joseph John; British physicist; Nobel laureate (1856-1940).
Tikhomirov	25.2	162	65	Nikolaj Ivanovich; Soviet chemical engineer (1860-1930).
Tikhov	62.3	171.7	83	Gavriil Adrianovich; Soviet astronomer (1875-1960).
Tiling	-53.1	-132.6	38	Reinhold; German rocketry scientist (1890-1933).
Timaeus	62.8	-0.5	32	Greek astronomer (unkn-c. 400 B.C.).
Timiryazev	-5.5	-147	53	Kliment Arkadievich; Russian botanist, physiologist (1843-1920).
Timocharis	26.7	-13.1	33	Greek astronomer (unkn-fl. c. 280 B.C.).
Tiselius	7	176.5	53	Arne Wilhelm Kaurin; Swedish biochemist; Nobel laureate (1902-1971).

NOME	LONG.	LAT.	DIAM. KM	ORIGINE DEL NOME
Tisserand	21.4	48.2	36	Francois Felix; French astronomer (1845-1896).
Titius	-26.8	100.7	73	Johann Daniel; German astronomer (1729-1796).
Titov	28.6	150.5	31	Gherman Stepanovich; Soviet cosmonaut (1935-2000).
Tolansky	-9.5	-16	13	Samuel; British physicist (1907-1973).
Tolstoy	-4.2	93.3	52	Leo; Russian writer (1828-1910).
Torricelli	-4.6	28.5	22	Evangelista; Italian physicist (1608-1647).
Toscanelli	27.4	-47.5	7	Paolo Dal Pozza; Italian doctor, cartographer (1397-1482).
Townley	3.4	63.3	18	Sidney Dean; American astronomer (1867-1946).
Tralles	28.4	52.8	43	Johann Georg; German physicist (1763-1822).
Triesnecker	4.2	3.6	26	Francis a Paula; Austrian astronomer (1745-1817).
Trouvelot	49.3	5.8	9	Etiénne Leopold; French astronomer (1827-1895).
Trumpler	29.3	167.1	77	Robert Julius; American astronomer (1866-1956).
Tsander (Zander)	6.2	-149.3	181	Friedrich Arturovich; Soviet rocketry scientist (1887-1933).
Tseraskiy (Ceraski)	-49	141.6	56	Vitol'd Karlovich; Russian astronomer (1849-1925).
Tsinger (Zinger)	56.7	175.6	44	Nikolai Iakovlevich; Russian astronomer (1842-1918).
Tsiolkovskiy	-21.2	128.9	185	Konstantin E.; Soviet physicist (1857-1935).
Tsu Chung-Chi	17.3	145.1	28	Chinese mathematician (430-501).
Tucker	-5.6	88.2	7	Richard Hawley; American astronomer (1859-1952).
Turner	-1.4	-13.2	11	Herbert Hall; British astronomer (1861-1930).
Tycho	-43.4	-11.1	102	Tycho Brahe; Danish astronomer (1546-1601).
Tyndall	-34.9	117	18	John; British physicist (1820-1893).
Ukert	7.8	1.4	23	Friedrich August; German historian, humanitarian (1780-1851).
Ulugh Beigh	32.7	-81.9	54	Ulugh-Beg; Mongolian astronomer, mathematician (1394-1449).
Undest	26.5	-18.5	7	Sigrid; Norwegian novelist; Nobel laureate (1882-1949).
Urey	27.9	87.4	38	Harold Clayton; American chemist; Nobel laureate (1893-1981).
Väisälä	25.9	-47.8	8	Yrjo; Finnish astronomer (1891-1971).
Valier	6.8	174.5	67	Max; German rocketry engineer (1895-1930).
van Albada	9.4	64.3	21	Gale Bruno; Dutch astronomer (1912-1972).

NOME	LONG.	LAT.	DIAM. KM	ORIGINE DEL NOME
Van Biesbroeck	28.7	-45.6	9	George A.; Belgian-American astronomer (1880-1974).
Van de Graaff	-27.4	172.2	233	Robert Jemison; American physicist (1901-1967).
Van den Bergh	31.3	-159.1	42	George; Dutch astronomer (1890-1966).
van den Bos	-5.3	146	22	Willem Hendrik; South African astronomer (1896-1974).
Van der Waals	-43.9	119.9	104	Johannes Diderik; Dutch physicist; Nobel laureate (1837-1923).
Van Gent	15.4	160.4	43	Hendrik; Dutch astronomer (1900-1947).
Van Maanen	35.7	128	60	Adriaan; Dutch-American astronomer (1884-1946).
van Rhijn	52.6	146.4	46	Pieter Johannes; Dutch astronomer (1886-1960).
Van Vleck	-1.9	78.3	31	John Monroe; American astronomer, mathematician (1833-1912).
Van Wijk	-62.8	118.8	32	Uco; Dutch-American astronomer (1924-1966).
van't Hoff	62.1	-131.8	92	Jacobus Hendricus; Dutch chemist; Nobel laureate (1852-1911).
Vasco da Gama	13.6	-83.9	83	Portuguese navigator, explorer (c. 1460-1524).
Vashakidze	43.6	93.3	44	Mikheil Alekandres; Soviet astronomer (1909-1956).
Vavilov	-0.8	-137.9	98	Nikolai Ivanovich; Soviet botanist (1887-1943); Sergei Ivanovich; Soviet physiological optician (1891-1951).
Vega	-45.4	63.4	75	Georg Freiherr von; Slovenian-born German mathematician (1754-1802).
Vendelinus	-16.4	61.6	131	Wendelin, Godefroid; Belgian astronomer (1580-1667).
Vening Meinesz	-0.3	162.6	87	Felix Andries; Dutch geophysicist, geodesist (1887-1966).
Ventris	-4.9	158	95	Michael George Francis; British decipherer of Linear B Cretan script (1922-1956).
Vera	26.3	-43.7	2	Latin female name.
Vergil	-26.3	133	0	Roman epic poet (70-19 B.C.).
Vernadskiy	23.2	130.5	91	Vladimir Ivanovich; Soviet mineralogist (1863-1945).
Verne	24.9	-25.3	2	Latin male name.
Vertregt	-19.8	171.1	187	Marinus; Dutch chemist (1897-1973).
Very	25.6	25.3	5	Frank Washington; American astronomer (1852-1927).
Vesalius	-3.1	114.5	61	Andreas; Belgian doctor (1514-1564).
Vestine	33.9	93.9	96	Ernest Harry; American geophysicist (1906-1968).
Vetchinkin	10.2	131.3	98	Vladimir Petrovich; Soviet physicist, engineer (1888-1950).
Vieta	-29.2	-56.3	87	Francois; French mathematician (1540-1603).

NOME	LONG.	LAT.	DIAM. KM	ORIGINE DEL NOME
Vil'ev	-6.1	144.4	45	Mikhail; Russian chemist (1893-1919).
Vinogradov	20	-31.2	11	I.M.; Soviet mathematician (1891-1983). Same crater as Natasha.
Virchow	9.8	83.7	16	Rudolph Ludwig Karl; German doctor, pathologist (1821-1902).
Virtanen	15.5	176.7	44	Artturi Ilmari; Finnish agricultural biochemist; Nobel laureate (1895-1973).
Vitello	-30.4	-37.5	42	Witelo, Erazmus Ciokek; Polish physicist, mathematician (1210-1285).
Vitruvius	17.6	31.3	29	Vitruvius Pollio, Marcus; Roman engineer, architect (unkn-fl. c. 25 B.C.).
Viviani	5.2	117.1	26	Vincenzo; Italian physicist, mathematician (1622-1703).
Vlacq	-53.3	38.8	89	Adriaan; Dutch mathematician (c. 1600-1667).
Vogel	-15.1	5.9	26	Hermann Carl; German astronomer (1841-1907).
Volkov	-13.6	131.7	40	Vladislav Nikolayevich; Soviet engineer, cosmonaut (1935-1971).
Volta	53.9	-84.4	123	Count Allessandro Guiseppe Antonio Anastasio; Italian physicist (1745-1827).
Voltaire	-11.9	100.3	0	Francois; French philosopher (1694-1778).
Volterra	56.8	132.2	52	Vito; Italian mathematician, physicist (1860-1940).
von Behring	-7.8	71.8	38	Emil Adolf; German bacteriologist; Nobel laureate (1854-1917).
von Békésy	51.9	126.8	96	Georg; Hungarian otological physicist; Nobel laureate (1899-1972).
von Braun	41.1	-78	60	Wernher, German-American rocket pioneer (1912-1977).
Von der Pahlen	-24.8	-132.7	56	Emanuel; German astronomer (1882-1952).
Von Kármán	-44.8	175.9	180	Theodore; Hungarian-American aeronautical scientist (1881-1963).
Von Neumann	40.4	153.2	78	John; American mathematician (1903-1957).
Von Zeipel	42.6	-141.6	83	Edvard Hugo; Swedish astronomer (1873-1959).
Voskresenskiy	28	-88.1	49	Leonid A.; Soviet rocketry scientist (1913-1965).
W. Bond	65.4	4.5	156	William Cranch; American astronomer (1789-1859).
Walker	-26	-162.2	32	Joseph Albert; American test pilot (1921-1966).
Wallace	20.3	-8.7	26	Alfred Russel; British natural historian (1823-1913).
Wallach	4.9	32.3	6	Otto; German chemist; Nobel laureate (1847-1931).
Walter	28	-33.8	1	German male name.

NOME	LONG.	LAT.	DIAM. KM	ORIGINE DEL NOME
Walther	-33.1	1	128	Bernard; German astronomer (1430-1504). (Spelling changed from Walter.)
Wan-Hoo (Van-Gu)	-9.8	-138.8	52	Chinese inventor (unkn-c. 1500).
Wargentin	-49.6	-60.2	84	Pehr Wilhelm; Swedish astronomer (1717-1783).
Warner	-4	87.3	35	Worcester Reed; American inventor (1846-1929).
Waterman	-25.9	128	76	Alan Tower; American physicist (1892-1967).
Watson	-62.6	-124.5	62	James Craig; American astronomer (1838-1880).
Watt	-49.5	48.6	66	James; Scottish inventor (1736-1819).
Watts	8.9	46.3	15	Chester Burleigh; American astronomer (1889-1971).
Webb	-0.9	60	21	Thomas William; British astronomer (1806-1885).
Weber	50.4	-123.4	42	Wilhelm Eduard; German physicist (1804-1891).
Wegener	45.2	-113.3	88	Alfred Lothar; German geophysicist, meteorologist (1880-1930).
Weierstrass	-1.3	77.2	33	Karl; German mathematician (1815-1897).
Weigel	-58.2	-38.8	35	Erhard; German mathematician (1625-1699).
Weinek	-27.5	37	32	Ladislaus; Czechoslovakian astronomer (1848-1913).
Weiss	-31.8	-19.5	66	Edmund; German astronomer, mathematician, physicist (1837-1917).
Werner	-28	3.3	70	Johann; German mathematician (1468-1528).
Wexler	-69.1	90.2	51	Harry; American meteorologist (1911-1962).
Weyl	17.5	-120.2	108	Hermann; German-American mathematician (1885-1955).
Whewell	4.2	13.7	13	William; British philosopher (1794-1866).
White	-44.6	-158.3	39	Edward Higgins II; American astronaut (1930-1967).
Wichmann	-7.5	-38.1	10	Moritz Ludwig Georg; German astronomer (1821-1859).
Widmannstätten	-6.1	85.5	46	Aloys Joseph Beck Elder von; German physicist (1754-1849). (Spelling changed from Widmanstätten.)
Wiechert	-84.5	165	41	Emil Johann; German geophysicist (1861-1928).
Wiener	40.8	146.6	120	Norbert; American mathematician (1894-1964).
Wildt	9	75.8	11	Rupert; German-American astronomer (1905-1976).
Wilhelm	-43.4	-20.4	106	Wilhelm IV, Landgrave of Hesse; German astronomer (1532-1592).

NOME	LONG.	LAT.	DIAM. KM	ORIGINE DEL NOME
Wilkins	-29.4	19.6	57	Hugh Percy; British selenographer (1896-1960).
Williams	42	37.2	36	Arthur Stanley; British astronomer (1861-1938).
Wilsing	-21.5	-155.2	73	Johannes; German astronomer (1856-1943).
Wilson	-69.2	-42.4	69	Alexander; Scottish astronomer (1714-1786); Charles Thomson Rees; Scottish physicist (1869-1959); Ralph Elmer; American astronomer (1886-1960).
Winkler	42.2	-179	22	Johannes; German rocketry scientist (1897-1947).
Winlock	35.6	-105.6	64	Joseph; American astronomer (1826-1875).
Winthrop	-10.7	-44.4	17	John; American astronomer (1714-1779).
Wöhler	-38.2	31.4	27	Friedrich; German chemist (1800-1882).
Wolf	-22.7	-16.6	25	Maxmilian Franz Joseph Cornelius; German astronomer (1863-1932).
Wollaston	30.6	-46.9	10	William Hyde; British chemist, physicist (1766-1828).
Woltjer	45.2	-159.6	46	Jan; Dutch astronomer (1891-1946).
Wood	43	-120.8	78	Robert Williams; American physicist (1868-1955).
Wright	-31.6	-86.6	39	Frederick Eugene; American petrologist and astronomer (1877-1953); Thomas; British philosopher (1711-1786); William Hammond; American astronomer (1871-1959).
Wróblewski	-24	152.8	21	Sigmund von; Polish physicist (1845-1888).
Wrottesley	-23.9	56.8	57	John, Baron Wrottesley; British astronomer (1798-1867).
Wurzelbauer	-33.9	-15.9	88	Johann Philipp von; German astronomer (1651-1725).
Wyld	-1.4	98.1	93	James Hart; American rocketry scientist (1913-1953).
Xenophanes	57.5	-82	125	Of Colophon; Greek philosopher (570(?)-478(?) B.C.).
Xenophon	-22.8	122.1	25	Greek natural philosopher, historian (c. 430-354 B.C.).
Yablochkov	60.9	128.3	99	Pavel Nikoaevich; Russian electrical engineer (1847-1894).
Yakovkin	-54.5	-78.8	37	A. A.; Soviet astronomer (1887-1974).
Yamamoto	58.1	160.9	76	Issei; Japanese astronomer (1889-1959).
Yangel'	17	4.7	8	Mikhail Kuzmich; Soviet rocketry scientist (1911-1971).
Yerkes	14.6	51.7	36	Charles Tyson; American benefactor (1837-1905).
Yoshi	24.6	11	1	Japanese male name.
Young	-41.5	50.9	71	Thomas; British doctor, physicist (1773-1829).

NOME	LONG.	LAT.	DIAM. KM	ORIGINE DEL NOME
Zach	-60.9	5.3	70	Franz Xaver, Freiherr von; Hungarian astronomer (1754-1832).
Zagut	-32	22.1	84	Abraham Ben Samuel; Spanish astronomer (c. 1450-c. 1522).
Zähringer	5.6	40.2	11	Josef; German physicist (1929-1970).
Zanstra	2.9	124.7	42	Herman; Dutch astronomer (1894-1972).
Zasyadko	3.9	94.2	11	Alexander Dmitrievich; Russian rocketry scientist, inventor (1779-1837).
Zeeman	-75.2	-133.6	190	Pieter; Dutch physicist; Nobel laureate (1865-1943).
Zelinskiy	-28.9	166.8	53	Nikolay Dimitrievich; Soviet chemist (1860-1953).
Zeno	45.2	72.9	65	Of Citium; Greek philosopher (c. 335-263 B.C.).
Zernike	18.4	168.2	48	Frits; Dutch physicist; Nobel laureate (1888-1966).
Zhiritskiy	-24.8	120.3	35	Georgii Sergeevich; Soviet rocketry scientist (1893-1966).
Zhukovskiy	7.8	-167	81	Nikolay Egorovich; Russian physicist (1847-1921).
Zinner	26.6	-58.8	4	Ernst; German astronomer (1886-1970).
Zola	-10.8	87	17	Emile; French writer (1840-1902).
Zöllner	-8	18.9	47	Johann Karl Friedrich; German astrophysicist, astronomer (1834-1882).
Zsigmondy	59.7	-104.7	65	Richard Adolf; Austrian chemist; Nobel laureate (1865-1929).
Zucchius	-61.4	-50.3	64	Zucchi, Niccolo; Italian mathematician, astronomer (1586-1670).
Zupus	-17.2	-52.3	38	Zupi, Giovanni Battista; Italian astronomer (c. 1590-1650).
Zwicky	-15.4	168.1	150	Fritz; Swiss astrophysicist (1898-1974).

3.3 Crateri ad alone scuro

dark-halo craters (DHC): si tratta di crateri o screpolature in genere di piccole dimensioni e circondati da un alone scuro. Hanno una probabile origine vulcanica e l'alone scuro sarebbe proprio il deposito di ceneri emesse durante le eruzioni. Si pensa che durante la ricaduta al suolo la lava tende a separarsi in piccole gocce fluide che, raffreddandosi, si trasformano in sferette solide che andrebbero a formare il caratteristico alone. Non assumono una forma a tronco di cono come i classici vulcani terrestri a causa della fluidità della lava e la bassa accelerazione di gravità lunare che ne impedisce la crescita di tale struttura.

dark-halo impact crater (DHIC): a differenza dei DHC, sono normali crateri da impatto, l'alone scuro è dovuto al deposito lavico sottostante la superficie lunare riportato alla luce a seguito dell'impatto che lo ha formato.

Entrambi le strutture sono ben visibili con telescopi di medio diametro, con una illuminazione solare diretta, cioè col sole alto su di essi.

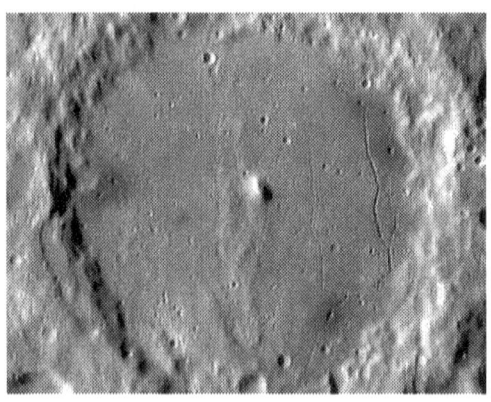 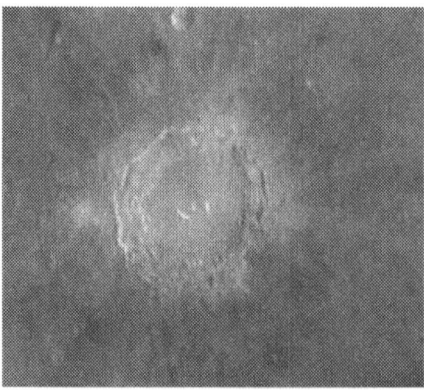

DHC all'interno del cratere Alphonsus   *DHIC situati intorno al cratere Copernichus*

Elenco DHC:
Dati da catalogo A.L.P.O.

					C=circolare E=ellittica I-irregolare
id	Long	Lat	Misure crat. (K)	Misure alone (K)	Forma dell'alone
1	23*38'	-20*48'	8	15	C
2	55*15'	-06*47'	2	6x8	E
3	54*33'	14*32'	25	37	C
4	52*40'	13*10'	14	27x32	E
5	53*24'	18*15'	18	32x60	I
6	53*30'	19*22'	10	15x20	E
7	43*50'	-01*40'	1,5	14	C
8	02*02'	-03*00'	4	11	C
9	32*10'	-18*32'	5	10	C
10	29*08'	-02*35'	6	14	C
11	30*42'	-11*18'	2	6	C
12	44*35'	46*20'	5.5x4	15	C
13	30*20'	-14*13'	1	4	C
14	30*04'	-14*22'	5	15	I
15	28*55'	02*00'	5	20	I
16	29*40'	-13*42'	2	8	C
17			1	4	C
18	44*35'	47*25'	1.5x3	15	C
19			1.5x2.5	5	C
20			1.5x3.5	5	C
21	39*40'	42*02'	4	12	C
22	35*45'	45*07'	4	10	E
23	35*10'	45*05'	2	10	E
24	33*40'	45*02'	4	15	I
25	20*38'	01*00'	3	10	C
26	16*37'	17*38'	3	5x8	E
27	15*15'	17*50'	2	7	C
28	13*21'	17*02'	7	20	C
29	10*10'	13*16'	2	7	C
30	07*32'	14*22'	1,5	6	C
31	07*27'	15*02'	2	5	C
32	07*08'	30*03'	2	5	C
33	05*50'	30*53'	3	12	C

id	Long	Lat	Misure crat. (K)	Misure alone (K)	C=circolare E=ellittica I-irregolare Forma dell'alone
34	05*25'	31*10'	3	8X12	E
35	04*49'	30*42'	4	14	C
36	04*33'	34*37'	5	11	C
37	02*54'	04*08'	1	7	C
38	02*32'	03*52'	0,5	3,5	C
39	02*13'	04*13'	0,5	4	C
40	02*04'	04*28'	0,5	2	C
41	05*52'	04*38'	1	3	C
42	01*52'	04*20'	2	4	C
43	-01*55'	34*28'	3	12	C
44	-02*41'	-13*18'	1	8	C
45	-01*37'	-12*52'	3	10	C
46	-01*42'	-13*14'	2	7	C
47	-01*50'	-14*22'	3,5	11	C
48	-01*55'	-12*33'	2	7	C
49	-03*21'	-12*47'	1	5	C
50	-04*03'	-13*40'	2	8	C
51	-04*07'	-13*38'	1	6	C
52	-04*11'	-13*43'	2	8	C
53	-07*32'	-32*38'	2	6.5X5.5	C
54	-08*05'	11*09'	2	6	C
55	-08*20'	18*20'	7	16	C
56	-08*40'	18*42'	6	16	C
57	-08*58'	19*30'	1,5	3	C
58	-09*33'	-20*42'	4	15	C
59	-10*05'	17*55'	0,5	1,5	C
60	-10*52'	17*30'	4	7	C
61	-10*52'	18*00'	4	8	C
62	-10*50'	08*22'	2,5	7	C
63	-12*25'	16*58'	6	9	C
64	-12*28'	18*12'	2	6	C
65	-12*38'	11*33'	1,5	6	C
66	-13*59'	11*30'	2	7X11	E
67	-16*45'	25*06'	2	4,5	C

id	Long	Lat	Misure crat. (K)	Misure alone (K)	C=circolare E=ellittica I-irregolare Forma dell'alone
68	-16*03'	18*13'	1,5	6	C
69	-16*01'	07*53'	1,5	2X5	C
70	-17*32'	12*41'	1	6	C
71	-18*15'	06*53'	4,5	15	C
72	-20*28'	12*28'	2,5	10	E
73	-23*38'	13*35'	4	15	C
74	-23*38'	01*45'	1	4,5	C
75	-24*33'	02*59'	2	10	E
76	-26*41'	05*55'	7	16	I
77	-27*39'	04*30'	2,5	7	C
78	-28*01'	07*08'	1,5	9	C
79	-46*48'	-48*02'	9	21	I
80	-46*32'	-46*27'	3,5	7	C
81	-53*05'	-44*00'	4	11	I
82	-53*39'	-44*07'	4	11	I
83	-66*00'	-44*00'	5	14	C

3.4 I domi lunari

Una delle stestimonianze più importanti del vulcanismo lunare è data dalla presenza dei domi.

I domi sono strutture a forma di cupola con pendenze poco accentuate e sommità smussate. Geologicamente sono stati associati ai crateri a scudo terrestri, specie nei casi classici dove sulla sommità del domo lunare è presente un craterino circolare.

La loro formazione è frutto di un'intrusione di lava ad alta viscosità nel sottosuolo lunare che non riuscendo ad emergere, spinge verso l'alto creando un rigonfiamento della zona interessata.

In genere hanno dimensioni modeste: diametri di 10-20 chilometri, altezze che non superano i 400-500 metri, e pendenze massime di 2 gradi. Questo rende non poco difficoltosa la visione telescopica se non si adatta una lunghezza focale di almeno 3 metri, ma soprattutto, a causa del loro basso rilievo, è necessario attendere che il domo sia nelle immediate vicinanze del terminatore per vedere proiettata la piccola ombra sul suolo circostante.

Inoltre le circonferenze dei domi possono essere di diversa forma e morfologia, da circolari a ovalizzati, o del tutto irregolari.

Nel 1964 J. Westfall, elaborò la seguente classificazione dei domi lunari:

Classificazione dei domi secondo Westfall:

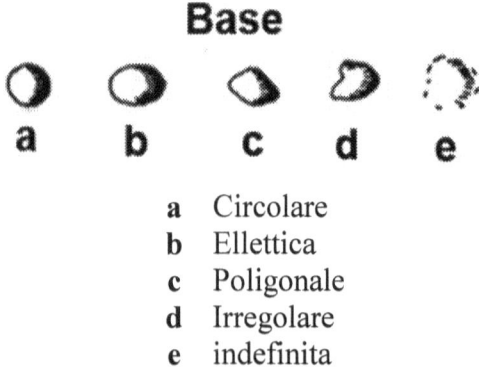

Base

a Circolare
b Ellettica
c Poligonale
d Irregolare
e indefinita

Profilo: sezione trasversale

simmetrico

f   g   e   i

asimmetrico

f'   g'   h'   i'

f - f'	emisferico
g - g'	sommità piatta
e - h'	sommità aguzza
i – i'	sommità multipla

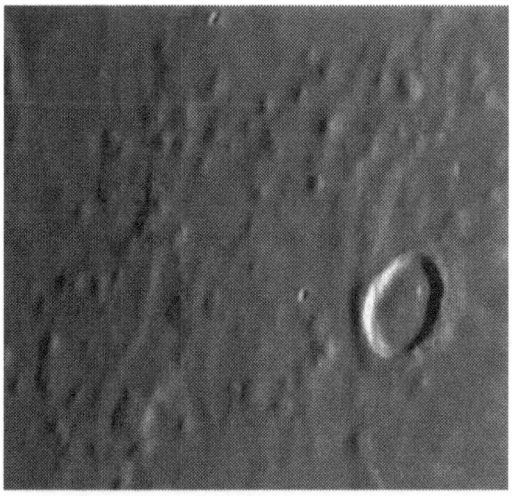

I domi si presentano spesso in gruppi più o meno munerosi, come nella regione del cratere Marius.

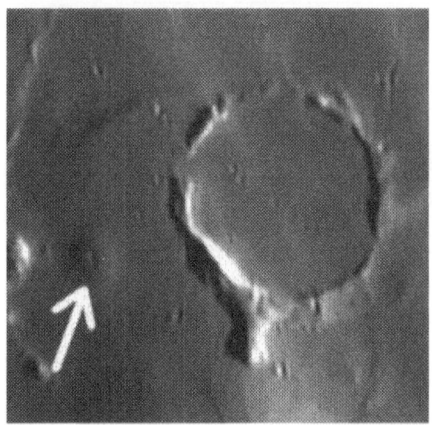 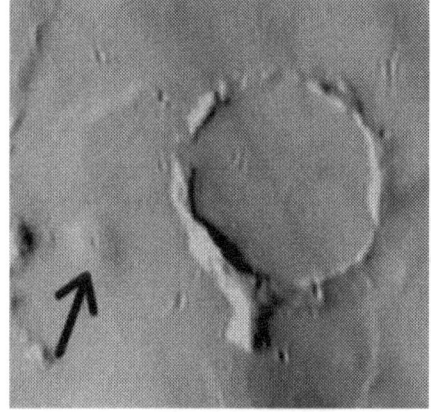

Un importante domo accanto al cratere Kies. E' ben visibile il craterino sommatale sia nella foto a sinistra sia in quella di destra in negativo.

Molti osservatori lunari da tempo si occupano della catalogazione dei domi lunari elencandoli in un database gestito dall'associazione statunitense A.L.P.O., una delle più grosse associazioni di osservatori lunari e planetari.

Oggi se ne contano divese decine, anche se molti di essi sono tutt'ora in fase di studio e di misurazioni selenografiche. Inoltre data la loro particolare morfologia, essendo di difficile individuazione, capita spesso di confondere qualche collinetta o rilievo estraneo che non sia un vero domo. Per questo motivo molti domi riportati nella tabella seguente sono ancora in attesa di "omologazione" e per questo motivo alcuni sono incompleti di dati tecnici.

Ecco un elenco dei domi lunari tratto dal database della A.L.P.O.:

Formazione più vicina	dimensioni		long	lat
Mare Spumans	27K		66.246	1.433
Mare Spumans	34.5K		64.727	1.433
E. Cristium	25K		63.977	16.858
E. Cristium	35K		63.436	16.858
Webb			61.633	-17.758
Vendelinus			59.803	-17.999
Vendelinus			58.705	-18.361
Vendelinus		3	58.083	-18.059
Orus			56.923	-18.421
Adams	NDF		68.339	31.668
Gauss			76.735	36.441
Crozier	5K		53.603	-14.005
Lick	19K		52.924	12.474
			52.839	12.181
Orus	30K		55.039	-18.542
Crozier	10K		53.129	-13.769
Lick			52.650	12.533
Gauss			76.741	37.229
Crozier			52.737	-13.769
Crozier			52.625	-13.415
Lick	4K		52.080	12.885
Crozier			51.269	-9.672
Crozier	14K		52.234	-13.710
Orus			53.042	-17.758

Formazione più vicina	dimensioni	long	lat
M. Foecund	10.9K	49.207	-4.244
M. Foecund	2B(16x21)	49.849	-9.439
M. Foecund	14.3K	49.646	-8.337
M. Foecund	2(15K)	49.119	-4.244
Messier	2(16x12K)	49.008	-2.637
O'Nell	12K	50.590	15.367
	10K	50.399	15.070
Goclenius	24K	49.048	-9.904
Taruntius		48.182	4.474
	10K	50.137	14.833
M. Foecund	4K	49.025	-12.533
M. Foecund	25.9K	48.343	-9.904
	2,B(18x20)	47.879	-8.279
Biot		52.825	-23.266
M. Foecund	3(22K)	47.647	-9.904
M. Foecund	8.2K	46.829	-3.440
Gutenberg	3(35x15K)	47.083	-10.953
Trauntius	15K	45.241	0.859
M. Foecund	15K	45.073	0.229
Gutenberg	24K	45.034	-6.488
Messier	40.2K	44.344	-4.301
Magelhens	18x22K	44.068	-12.122
	1K	54.309	34.541
Santbech		46.145	-22.334
Macrobius	5K	44.794	22.272
Macrobius	2K	41.606	20.487
Santbech		41.330	-19.633
Gutenberg	6.2K	39.029	-8.975
Cauchy		38.501	5.164
Cauchy	(25x22)K	38.362	2.579
Gutenberg	13K	38.815	-9.613
Cauchy	16K	38.202	3.899
Santbech	9K	41.197	-20.732
Cauchy	9.6K	38.312	7.239
Cauchy	25K	38.047	3.727
Santbech	4K	40.756	-20.121
Santbech	9K	40.953	-20.977
Cauchy	30K	37.628	2.407
Cauchy		38.194	9.962
Santbech	4.1K	41.199	-22.396

Formazione più vicina	dimensioni	long	lat
Santbech	9K	41.007	-22.086
Cauchy		37.775	8.395
Cauchy	NDF	37.641	7.123
Santbech	5.5K	40.685	-22.334
Cauchy	2K	37.709	10.195
Cauchy	12x14K	37.318	6.777
Cauchy-see	.7xMaskF14	36.935	3.153
Cauchy		37.538	10.545
Santbech	9.6K	39.638	-20.121
Cauchy		37.079	8.685
Cauchy-see	30K	36.577	3.153
Maraldi	1K	38.157	15.962
Cauchy	2(8K)	36.827	7.701
Maraldi	6x7K	39.466	21.100
Maraldi		38.766	18.723
Maraldi		38.733	18.602
Cauchy	10.3K	36.738	7.527
Cauchy	3K	36.524	5.912
Maraldi		38.428	18.905
Maraldi	2K	38.988	21.346
Cauchy	10.0K	35.971	6.142
Maraldi	7.0K	37.687	17.518
Romer	2K	38.891	22.272
Miraldi-chart ridge	3K	37.401	19.087
Miraldi	6.9K	35.853	14.123
Miraldi		36.065	15.605
Miraldi	6.0K	35.666	14.300
Maskelyne	11K	34.244	4.474
SE of Vitruvius	13K	35.318	14.774
Sinas	10K	34.097	6.488
Sinas-looks like hil	7K	33.813	2.407
Maskelyne F	21K	33.543	4.301
Vitruvius		34.593	14.359
SE of Vitruvius	8x13K	34.638	15.011
Sinas	7K	33.884	10.603
Sinas	13K	34.265	14.123
SE of Vitruvius	2.5K	34.276	14.596
Vitruvius		33.837	11.829
Neander	7K-17K	41.332	34.541
Vitruvius		33.847	14.182

Formazione più vicina	dimensioni		long	lat
Maskelyne	4.6K		33.828	14.892
SInas			33.282	11.362
Jansen F			33.436	12.944
Sinas	14x17K		33.197	11.771
Sinas	7.5K		33.039	10.545
Vitruvius, SSE of	60.9K		33.892	16.738
Maraldi			33.392	14.005
Sinas	8K		32.856	11.303
Sinas			32.290	8.743
Sinas			32.771	13.651
Maraldi		2	32.312	10.836
Fracastorius	24K		33.789	-19.573
Sinas	2(5K)		32.238	11.888
Sinas	9K		31.731	7.008
S.of Miraldi	7x10		32.426	14.123
Sinas	13K		32.388	13.887
Sinas	9K		31.954	10.719
Miraldi	18x13K		32.423	14.537
Fracastorius	24x18		33.225	-19.026
Maraldi	6K		32.244	14.300
Fracastorius			33.965	-22.272
Sinas	10x31		31.360	7.470
Maskelyne	20.9K		30.827	4.301
Sinas	6.8K		31.367	11.537
Maskelyne	3.5K		30.809	5.279
Maraldi	2(12K)		31.274	11.888
Sinas	6K		31.201	11.303
Fracastorius	2(8KM)		32.558	-19.269
Sinas	10.0K		31.051	10.603
Fracastorius	3(21KM)		32.131	-17.939
Maraldi	4.8K		30.910	11.712
Sinas	10K		30.753	11.537
Sinas			30.520	10.079
Sinas	8.7K		30.210	6.431
Sinas	7.0K		30.184	6.027
Sinas			30.434	9.904
Sinas	5.5K		30.223	11.070
Jansen			30.138	12.064
Maury			38.552	38.609
Jansen			34.369	32.141

Formazione più vicina	dimensioni	long	lat
Jansen		29.410	13.238
L. Somniorum		35.597	35.310
Jansen-lava tube		29.696	16.499
L. Somniorum	40K	35.849	36.299
L. Somniorum	5K	34.959	34.890
L. Somniorum	3K	34.977	35.100
Jansen-lava tube		29.238	17.038
Jansen	lava tube?	29.167	16.619
Jansen		28.820	14.833
Jansen	3.1K	28.505	13.003
Posoidonius	29x31K	33.216	32.888
Dawes	PEAK	28.165	16.320
Piccolomini	13.7K	28.632	-19.390
Fracastorius		29.312	-22.892
Torricelli	7.0K	26.837	-5.970
Giner	30x17K	26.693	-1.719
Jansen		40.736	-46.886
Jansen	PEAK	27.266	15.248
Dawes		26.610	16.260
Dawes-broad low ridge		26.825	18.482
Le Monnier		28.021	24.645
Posidonius	9.1K	30.074	32.208
Posidonius	7.0K	29.479	30.730
Ross		25.825	13.828
Hercules-craters and rid	ges	36.433	44.991
Dawes-low ridge		26.216	18.059
Posidonius	13x5K	29.732	32.344
Posidonius		29.581	32.141
Moltke		24.645	0.000
Posidonius	9.0K	29.522	32.412
Polybius		26.093	-21.223
Arago		24.162	8.337
Ross		24.444	13.121
Ross		24.343	12.122
Arago		23.984	8.511
Ross	8x4.5K	24.069	11.245
Hercules-sm.complex of c	rate	34.596	47.307
Arago		22.278	6.027
Giner-lava flow tube	30x17K	26.578	32.820
Arago		22.161	6.200

Formazione più vicina	dimensioni	long	lat
Grove	6.2K-10	29.667	40.920
Giner-lava flow tube	30x17K	26.536	33.161
Arago		22.086	5.912
Arago	3x5K	22.005	5.451
Arago		21.955	5.739
Arago		21.698	5.509
Rothmann	8K	24.719	-29.209
Arago		21.572	9.149
Arago	24K	21.414	7.470
Catharina	2(15x14K)	22.167	-16.380
Arago-Maclear		21.478	9.613
Rothmann		24.156	-28.685
Arago	8.2K	21.226	8.569
Luther	8.2K	25.393	33.642
Arago	13x14K	20.860	4.474
Luther	6	25.079	33.367
Arago	9.6K	20.936	8.917
Rothmann		23.634	-28.294
Luther	8K	24.831	33.298
Rothmann		23.483	-28.555
Arago	6.8K	20.708	9.265
Burg		29.768	46.303
Arago	23.29K	19.933	6.085
Plana	12.3K	24.932	37.373
Burg	25x40K	28.541	47.138
Pitiscus	NDF	28.403	-48.851
Ritter-shaded like ridge		18.206	3.038
Burg	5x7K	21.718	41.300
Luther	11K	19.733	35.170
Plana	7K	21.291	40.768
Menelaus	10K	16.692	17.458
Burg	7x9K	21.256	41.148
Julius Caesar	5.5K	16.007	8.106
Plana	8K	21.466	41.990
Menelaus	12K	16.379	17.458
Caesar		15.615	8.801
Aristoteles	5.5K	25.298	52.186
Menelaus	12K	15.775	17.698
Menelaus	8K	15.735	17.939
Julius Caesar		14.959	8.917

Formazione più vicina	dimensioni	long	lat
Menelaus	6K	15.463	17.698
Almanon		15.277	-16.978
Julius Caesar		14.412	8.743
Bessel H		15.231	21.162
Julius Caesar		14.383	9.497
Alexander	8K	17.409	36.015
S. Gallus		14.978	21.777
S. Gallus		14.850	21.162
Alexander	4K	17.018	35.591
Bessel H		14.659	21.777
		13.393	4.244
Mitchell	12x10K	20.052	47.646
Aristoteles	too steep no dome	21.630	52.186
Bessel H		13.777	21.223
Buscovich	10K	13.004	12.122
S. Gallus	4x5K	12.276	19.026
Maurolycus	5x7K	14.886	-41.300
Kane(102)	16K	22.456	59.997
S. Gallus	4x4K	11.404	20.671
S. Gallus	12Kx114	11.239	20.121
Jansen B		11.797	27.710
Alexander	17K	13.438	40.391
Sarder	-16K	12.783	-37.301
S. Gallus	16x10K	10.741	20.121
Linne	38x19K	10.756	29.144
Linne		10.178	30.664
	38K	9.637	30.664
Auwers	1(3x5K)	8.314	14.478
Linne		8.845	26.168
S. of Aratus C+D	14K	8.482	22.768
W. Manilus	4x4K	7.475	14.418
Manilus	6x7K	7.436	15.011
Egede		11.502	52.279
Egede		10.485	47.902
Manilus	6K	7.177	14.418
Egede		10.157	47.561
Manilus	2x3K	6.825	14.596
Egede	6K	10.064	50.987
Meton	9K	20.431	71.805

Formazione più vicina	dimensioni	long	lat
NW of Egede	7K	9.654	49.907
Sm.hemisphere dome		8.772	44.910
Meton		21.181	72.940
Egede		9.196	50.805
Meton	8K	19.535	73.137
Manilus	9x6K	5.767	15.129
Meton		13.318	65.644
Egede		8.646	50.805
Aristillus	15K	6.709	35.591
Egede	14x10K	8.349	50.175
Egede		8.354	50.714
Hipparchus	8K	5.257	-6.719
Egede	8K	8.078	50.175
Egede	8K	7.570	49.818
Horrocks		4.307	-3.038
P. Nebullarum	2K	4.961	34.820
Triesnecker	(seen as projection)	3.965	3.727
Triesnecker	5.1K	3.504	-3.440
Autolycus	35K	3.939	30.797
P. Nebullarum	1K	3.910	33.298
Cassini		3.796	38.243
Bond	12K	6.683	64.555
Reaumur	2x4K	2.581	-1.891
P. Putredinis	22x14K	1.535	26.359
Archimedes	21K	1.402	25.976
Reaumur	1x2 1/2K	1.032	-2.637
P. Putredinis	2K	1.018	25.722
Reaumur	3x4K	0.746	-2.751
Reaumur		0.745	-1.834
Frigoris	17K	1.223	55.792
Glyden	2 1/2K	0.288	-5.221
Chlandi		0.229	2.350
Glyden	2 1/2K	0.173	-4.934
P. Putredinis		0.127	25.976
Murchison	4.9K	0.115	5.049
Glyden	2 1/2K	0.058	-5.221
Archimedes	6.2K	-0.773	27.129
Alphonsus		-0.766	-13.415
Alpine Valley	8 x 10K	-1.593	46.886

Formazione più vicina	dimensioni	long	lat
Frigoris	2	-2.055	56.099
Archimedes		-2.640	2.809
Archimedes		-3.529	24.519
Flammarion		-3.271	-2.694
Flammarion		-3.445	-3.210
Flammarion	8K	-3.446	-3.440
Flammarion		-3.502	-2.923
Flammarion		-3.790	-3.268
Flammarion		-3.847	-2.866
Flammarion	14K	-4.024	-4.014
Wallace	13K	-4.517	22.024
Flammarion	9K	-4.307	-3.038
Flammarion	9K	-4.424	-3.440
Plato	8K	-7.125	51.628
Flammarion		-4.480	-3.095
Flammarion	6K	-4.483	-3.784
Wallace		-5.107	22.892
Birmingham		-10.518	60.459
Wallace	15	-6.536	18.421
Plato	30x40K	-10.496	51.261
Haas	22K 30x20K	-9.381	42.067
Haas	34K	-9.439	42.454
Haas	C/G	-9.737	42.844
Eratosthares A	22K	-7.754	18.421
Beer		-8.526	25.341
Wallace	8K	-8.728	25.468
Wallace	7x5	-8.451	20.121
Beer	6.2K	-8.874	26.551
SW Erastost		-8.572	17.698
Lassell	10x20K	-8.764	-17.879
Lassell	12x9K	-8.829	-15.367
Mare Frigoris	32x16K	-17.216	59.997
Plato		-17.510	59.655
Birt	10Kx6	-9.513	-20.304
Plato		-14.429	51.536
Birt	12.3K	-9.598	-20.671
Davy	4K	-9.947	-20.304
	28K	-12.349	32.684
Mare Frigoris	10K	-20.829	58.649

Formazione più vicina	dimensioni	long	lat
Fontenelle		-20.743	58.321
Wallace	18x19K	-11.631	18.663
Timocharis	10K	-12.175	25.087
Gambert	13K	-11.070	0.286
	4K ridge	-13.044	29.209
Gambart	eject ridg	-11.438	3.153
Timocharis	70K	-12.550	24.331
Pitatus		-13.525	-30.265
Lalande	8x11K	-11.858	-3.957
Pitatus		-14.052	-30.597
Pitatus		-14.020	-28.947
Gambert	17K	-12.255	2.809
Gambert	ridge	-12.328	3.957
Pitatus	10K	-14.375	-30.464
Gambert		-12.367	2.350
Gambert	not seen	-12.381	3.555
Pitatus	7K	-14.367	-29.012
Parry		-12.644	-5.164
Parry		-12.647	-5.336
Gambert	9X11	-12.603	2.407
Gambert	12X12	-12.854	3.727
		-14.217	24.771
	crater sm.	-14.203	24.079
Hesiodus	15-20K	-15.412	-27.840
Whewell		-14.112	4.704
Gambert	13K	-14.301	0.745
Gambert	10K	-14.481	1.203
Carpenter	SPOT	-39.018	66.206
Gambart	20K	-14.899	1.719
Leverrier	6x12K	-18.436	34.056
Max Wolf		-17.438	-23.891
Gambert	6.2K	-15.963	0.516
Briggs	43K	-19.280	27.452
Gambert		-17.160	0.917
	7K	-24.434	44.507
Mt. Dyson	5K	-23.746	42.688
Opelt	15x22K	-19.725	-28.359
Pytheas		-18.269	16.858
Guericke	57K	-18.030	-13.474
Gambert		-17.521	1.089

Formazione più vicina	dimensioni	long	lat
Helicon	5Kx8K	-24.258	42.067
	7K	-24.129	40.466
	7K	-24.778	41.682
Helicon		-25.412	40.768
	5K	-25.623	40.466
Kies	4K	-22.261	-26.168
	2.4K	-24.133	33.230
Carlini	4.5K	-24.764	35.030
Carlini	4.2K	-24.925	35.521
Kies	4.5K	-22.572	-25.658
Carlini	2.4x3K	-24.509	33.230
Carlini		-24.248	32.073
Kies	7K	-22.953	-26.168
Kies	2x5K	-23.462	-28.164
Draper	8K	-21.925	18.059
Carlini		-25.624	34.125
Bulliadus	6x12K	-22.092	-17.338
Capuanus	7K	-25.819	-33.780
Zucchius	NDFC	-47.463	-60.575
Capuanus	9-10K	-26.163	-34.125
Kies	12K	-24.239	-26.936
Capuanus	5.6K	-26.596	-34.264
Heraclides	4.1K	-28.075	38.170
Lubiniezky	6K	-22.871	-16.320
Capuanus	9x9K	-26.772	-33.642
Heraclides	3.9K	-28.711	38.682
Konig		-24.724	-25.341
Capuanus	15x10K	-27.145	-34.056
Carlini	6.2K	-23.643	19.512
Kies	8.2K	-25.320	-26.423
Kies		-25.302	-26.040
Kies		-25.346	-26.232
Lubiniezky	5K or <	-23.853	-17.818
Capuanus	10x12K	-27.569	-33.711
Konig		-25.311	-24.835
Mt. Dyson	4.6K	-24.251	18.723
N. of Konig	5K	-25.637	-25.658
P. Heraclides	4.1K	-30.730	39.198
Konig		-25.913	-24.708
Hortensius	7K	-23.773	7.123

Formazione più vicina	dimensioni	long	lat
Promontory	3K	-33.253	43.157
Konig		-26.238	-23.641
Landsberg	28K	-24.284	4.474
P. Heraclides	27.4K	-32.946	41.071
	NDF CRATER	-33.572	41.836
T. Mayer	3K	-31.769	37.445
Darney	3.5K	-25.950	-14.833
Reinhold	11K	-25.315	3.038
Landsberg		-25.343	0.688
Swelling on ridge	8.0K	-25.448	3.268
Darney	12.3K	-26.079	-11.362
Reinhold	7x12K	-25.810	2.407
Darney	4x5K	-26.857	-14.182
Riphaen Mts	23K	-26.245	-5.739
Euler	35K	-29.686	27.323
S of Ramsden	7x10K(17K)	-32.752	-35.030
Hippalus	2x3K	-29.597	-25.976
Hortensius	3.3K	-26.934	7.585
Hortensius	14K	-27.015	7.816
Wagner	12.3K	-27.385	11.947
Hortensius	12K	-27.340	7.816
Hortensius	7K	-27.511	7.470
Hortensius	4.8K	-27.539	7.874
Hortensius	10K	-27.780	7.585
Hortensius	6.2K	-28.010	7.123
T. Mayer		-28.703	14.005
Harplaus	NDF	-46.644	49.729
Hortensius	6.3K	-28.407	7.181
Hortensius	NDF	-28.510	7.701
T. Mayer	3K	-29.243	14.005
T. Mayer	3K	-29.328	14.123
T. Mayer	3K	-29.346	13.769
T. Mayer	3K	-29.514	14.005
Euclides	8K	-28.934	-7.181
Brayley	5x6	-30.501	18.966
Milichius	8.4K	-29.279	9.033
T. Mayer		-29.932	13.592
T. Mayer		-30.062	12.533
T. Mayer	16.5K	-30.100	12.827

Formazione più vicina	dimensioni	long	lat
T. Mayer	18x14	-30.486	13.651
Landsberg	25K	-29.799	-3.555
Diophantus	NDF	-34.261	28.229
Diophantus	NDF	-34.429	28.685
T. Mayer	8.6K	-30.614	12.592
Landsberg		-29.968	-4.474
T. Mayer	14K	-30.915	13.769
Harinus	60K	-31.497	-16.858
Landsberg	34K	-30.210	-3.899
Landsberg	17K	-30.217	-4.071
T. Mayer	12K	-31.028	13.121
Delisle	9K	-35.112	29.012
Brayley D	2Kx2	-32.699	21.100
T. Mayer	14K	-31.246	12.709
Diophantus	7.5K	-34.275	26.040
Brayley D		-32.582	19.694
Milichius	30K	-31.230	11.537
Brayley D	14K	-32.571	19.329
Herigonius	17x10K	-31.335	-11.829
Brayley	2x4	-33.018	20.916
Diophantus	10K	-34.986	-27.194
Milichius	8.9K	-31.198	10.079
T. Mayer	9.6K	-31.596	13.238
Diophantus		-35.056	27.387
T. Mayer	20x18K	-31.337	10.719
Herigonius	17.8K	-31.686	-11.888
Dio-Delisle	NDF	-35.790	28.490
T. Mayer	15K	-31.933	13.179
T. Mayer	15K	-31.952	12.827
T. Mayer		-31.977	13.003
Diophantus	NDF	-36.215	28.947
Herigonius	42x29K	-32.155	-12.298
T. Mayer	10K	-32.255	13.003
Milichius	10.8K	-32.140	10.545
T. Mayer	6K	-32.481	13.121
Diophantus		-35.642	26.168
Delisle	NDF 19K	-36.703	28.947
T. Mayer	5K	-32.586	12.885
Milichius	3x5K	-32.162	8.106
T. Mayer	4K	-32.770	12.709

Formazione più vicina	dimensioni	long	lat
Herigonius		-32.772	-12.240
Milichius	3K	-32.649	9.555
Milichius	Hill	-32.754	7.816
Delisle	NDF	-37.689	28.751
T. Mayer	5K	-33.267	11.771
Diophantus		-36.868	26.487
Delisle		-38.202	29.736
Milichius	15	-33.282	11.362
Dio-Delisle	NDF	-37.662	28.294
Delisle	NDF 6.8K	-37.995	29.078
Kunowsky	35x22	-32.774	4.014
Delisle		-38.623	29.736
Wichmann	10K	-34.814	-7.527
Schickard	(9x11K)	-52.897	-44.588
Bessarion	4K	-35.682	12.709
Gruithuisen	40K	-44.963	36.370
Encke	60K	-37.299	-8.048
Prinz	18K	-43.290	26.808
Rumker	NDF	-55.766	42.144
Prinz	16K	-44.031	26.872
Prinz	13K	-44.170	26.423
Bessarion	NDF	-40.373	14.892
Prinz		-44.163	25.849
Kepler	14	-39.621	8.917
Prinz		-44.429	25.468
Rumker	62	-57.896	40.617
Letronne		-43.334	-8.337
Aristarchus	7x10	-50.937	25.468
Marius	3K	-47.859	15.070
Aristarchus	12x8	-49.809	20.182
	2(17x9KM)	-49.577	-15.664
Billy	3x3	-50.379	-17.158
Billy	5x3,3x2	-49.955	-15.129
Billy	2(9KM)	-50.387	-16.141
Marius	4x9	-49.842	14.478
Herodotus A	NDF	-53.033	21.963
Suess	RIDGE	-48.484	4.934
Reiner	3x5	-51.197	7.296
Reiner	20K	-51.486	8.917
Suess	5x10	-51.015	4.416

Formazione più vicina	dimensioni	long	lat
Marius		-52.484	11.947
Suess	7K	-51.098	3.210
Suess	5K	-51.102	3.268
Marius	4K	-53.430	14.655
Marius	2K	-52.488	11.245
Reiner	3x6	-52.449	9.904
Marius		-52.984	12.005
Marius	5K	-53.684	14.241
Suess	7	-51.961	6.834
Reiner		-52.459	8.106
Marius	5K	-54.010	13.121
Reiner	HILL	-53.101	9.381
Reiner	4x6	-53.593	11.011
Reiner	4x6	-53.570	10.545
Reiner	5x3.5	-53.140	7.643
Reiner		-53.301	7.990
Reiner	4x6	-54.312	9.091
DeVico	14K	-59.721	-21.408
Rener	11K	-55.092	-8.048
Reiner	11K	-55.092	8.048
Byrgius		-65.553	-24.708
Reiner	10K	-58.221	9.265
Sirsalis		-61.245	-10.137
Darwin	45K	-69.242	-19.026
Hevel	HILL	-62.367	2.637
Hevel	HILL	-62.791	3.153
Bertaud		-64.976	-10.486
Bertaud		-65.257	-10.836
Grimaldi	10K	-63.401	-2.923
Hevel	12K	-63.710	3.382
Bertaud		-65.747	-10.661
Hevel	14K	-65.019	8.279
Bertaud		-66.395	-11.478
Bertaud		-65.845	-9.846
Cavalerius	20x25	-64.160	0.286
Hevel	25x20	-65.433	8.279
Bertaud		-66.063	-9.672
Bertaud		-66.223	-10.079
Bertaud		-66.294	-10.253
Bertaud		-66.613	-10.661

Formazione più vicina	dimensioni	long	lat
Bertaud		-66.396	-9.788
Bertaud		-66.684	-10.137
Bertaud		-66.789	-9.672
Grimaldi	7K	-65.380	-2.809
Bertaud		-67.063	-9.613
Grimaldi	9K	-65.841	-1.719
Hevel	NDF	-67.379	0.688
	17K	-68.565	-4.474
Cavalerius	SPHERE	-69.926	8.048
Grimaldi		-68.964	-4.071
Grimaldi		-69.825	-5.049
Veris Alpha	8x10K	-85.636	-18.240

3.5 Le dorsae lunari

Alcune regioni della Luna si presentano segnate da corrugamenti irregolari lunghi alcuni chilometri, dovuti alle compressioni del suolo di origine lavico. Questi corrugamenti sono detti "dorsae", si presentano come dei lunghissimi ed estesi rigonfiamenti allungati del suolo, con altezze che variano da poche decine a qualche centinaio di metri rispetto al suolo circostante. Possono essere continue o discontinue ed hanno quasi sempre una traiettoria curvilinea, ricordando spesso le onde del mare che viaggiano in direzione di una spiaggia. Come i domi lunari, anche le dorsae, data la loro esigua altezza sono visibili solo in prossimità del terminatore cioè quando il sole all'alba lunare è capace di proiettare la loro ombra sul suolo.

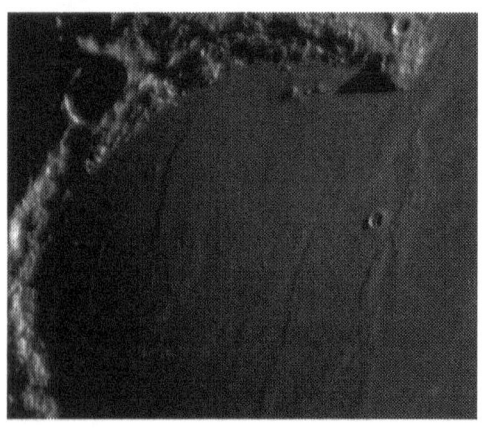

Un suggestivo sistema di dorsa nel grande bacino Sinus Iridum.

La grande dorsa Lister di circa 300 km di lunghezza a nord del cratere Plinius

Elenco dorse lunari:

Dati da U.S.Geological Survey

NOME	LAT.	LONG.	DIMENS. km	ORIGINE DEL NOME
Dorsa Aldrovandi	24.0	28.5	136.0	Ulisse; Italian Earth scientist (1522-1605).
Dorsa Andrusov	-1.0	57.0	160.0	Nikolai Ivanovich; Soviet geologist (1861-1924).
Dorsa Argand	28.1	-40.6	109.0	Émile; Swiss geologist (1879-1940).
Dorsa Barlow	15.0	31.0	120.0	William; British crystallographer (1845-1934).
Dorsa Burnet	28.4	-57.0	194.0	Thomas; British Earth scientist (1635-1715).
Dorsa Cato	1.0	47.0	140.0	Marcus Porcius; Roman geological engineer (234-149 B.C.).
Dorsa Dana	3.0	90.0	70.0	James Dwight; American Earth scientist (1813-1895).
Dorsa Ewing	-10.2	-39.4	141.0	William Maurice; American geophysicist (1906-1974).
Dorsa Geikie	-4.6	52.5	228.0	Sir Archibald; Scottish geologist (1835-1924).
Dorsa Harker	14.5	64.0	197.0	Alfred; British petrologist (1859-1939).
Dorsa Lister	20.3	23.8	203.0	Martin; British stratigrapher, zoologist (1639-1712).
Dorsa Mawson	-7.0	53.0	132.0	Douglas; English-Australian Antarctic explorer (1882-1958).
Dorsa Rubey	-10.0	-42.0	100.0	William Walden; American geologist (1898-1974).
Dorsa Smirnov	27.3	25.3	156.0	Sergei Sergeevich; Soviet Earth scientist (1895-1947).
Dorsa Sorby	19.0	14.0	80.0	Henry Clifton; British Earth scientist (1826-1908).
Dorsa Stille	27.0	-19.0	80.0	Hans; German Earth scientist (1876-1966).
Dorsa Tetyaev	19.9	64.2	176.0	Mikhail Mikhailovich; Soviet geologist (1882-1956).

NOME	LAT.	LONG.	DIMENS. km	ORIGINE DEL NOME
Dorsa Whiston	29.4	-56.4	85.0	William; British mathematician, astronomer (1667-1752).
Dorsum Arduino	24.9	-35.8	107.0	Giovanni; Italian Earth scientist (1713-1795).
Dorsum Azara	26.7	19.2	105.0	Felix De; Spanish Earth scientist (1746-1811).
Dorsum Bucher	31.0	-39.0	90.0	Walter Herman; American geologist (1889-1965).
Dorsum Buckland	20.4	12.8	380.0	William; British Earth scientist (1784-1856).
Dorsum Cayeux	1.6	51.2	84.0	Lucien; French sedimentary petrographer (1864-1944).
Dorsum Cloos	1.0	91.0	100.0	Hans; German Earth scientist (1885-1951).
Dorsum Cushman	1.0	49.0	80.0	Joseph Augustine; American micropaleontologist (1881-1949).
Dorsum Gast	24.0	9.0	60.0	Paul Werner; American geochemist, geologist (1930-1973).
Dorsum Grabau	29.4	-15.9	121.0	Amadeus William; American paleontologist (1870-1946).
Dorsum Guettard	-10.0	-18.0	40.0	Jean-Etienne; French geologist, mineralogist (1715-1786).
Dorsum Heim	32.0	-29.8	148.0	Albert; Swiss Earth scientist (1849-1937).
Dorsum Higazy	28.0	-17.0	60.0	Riad Abdel-Megid; Egyptian Earth scientist (1919-1967).
Dorsum Lambert	25.8	-21.0	30.0	Johann Heinrich; German astronomer.
Dorsum Nicol	18.0	23.0	50.0	William; Scottish physicist (1768-1851).
Dorsum Niggli	29.0	-52.0	50.0	Paul; Swiss Earth scientist (1888-1953).
Dorsum Oppel	18.7	52.6	268.0	Albert; German palaeontologist (1831-1865).
Dorsum Owen	25.0	11.0	50.0	George; British Earth scientist (1552-1613).

NOME	LAT.	LONG.	DIMENS. km	ORIGINE DEL NOME
Dorsum Scilla	32.8	-60.4	108.0	Agostino; Italian geologist (1639-1700).
Dorsum Termier	11.0	58.0	90.0	Pierre-Marie; French geologist (1859-1930).
Dorsum Thera	24.4	-31.4	7.0	Greek female name.
Dorsum Von Cotta	23.2	11.9	199.0	Carl Bernard; German Earth scientist (1808-1879).
Dorsum Zirkel	28.1	-23.5	193.0	Ferdinand; German geologist, mineralogist (1838-1912).

3.6 I mari (o maria)

Come abbiamo più volte detto, i maria sono quelle zone più scure che si vedono anche ad occhio nudo fissando la luna da terra. Sono così denominati in analogia dei mari terrestri. In realtà i maria sono aree pianeggianti più scure e poste a quote inferiori a quelle più chiare, coprono quasi il 16% della superficie della Luna (tenendo conto anche dell'emisfero non visibile), e sono enormi crateri da impatto che in seguito sono stati riempiti da lava fusa durante il processo di formazione del cratere, la fratturazione della crosta deve avere raggiunto il mantello lunare consentendo la fuoriuscita di lava a profondità variabile fra 200 e 400 km, che è andata a colmare il bacino da impatto. La lava, avendo un contenuto maggiore di ferro rende l'albedo dei maria molto più scuro rispetto alle terrae, che a loro volta hanno un contenuto maggiore di allumino con un potere riflettente maggiore rispetto al ferro, risultando quindi molto più chiare rispetto ai maria.

Il più grande dei mari lunari è l'Oceanus Procellarius (oceano delle Tempeste), due volte più esteso del nostro Mar Mediterraneo.

I principali maria sull'emisfero visibile

1) *mare Crisium*
2) *mare Fecunditatis*
3) *mare Nectaris*
4) *mare Tranquillitatis*
5) *mare Serenitatis*
6) *mare Frigoris*
7) *mare Imbrium*
8) *mare Vaporum*
9) *mare Nebium*
10) *mare Humorum*
11) *Oceanus Procellarum*

Elenco mari lunari:

Dati da U.S.Geological Survey

NOME	LAT.	LONG.	DIAM. km	ORIGINE DEL NOME
Mare Anguis	22.6	67.7	150	Serpent Sea.
Mare Australe	-38.9	93	603	Southern Sea.
Mare Cognitum	-10	-23.1	376	Sea that has become known. Ranger VII impact site.
Mare Crisium	17	59.1	418	Sea of Crises.
Mare Fecunditatis	-7.8	51.3	909	Sea of Fecundity.
MareFrigoris	56	1.4	1,596.0	Sea of Cold.
Mare Humboldtianum	56.8	81.5	273	Humboldt, Alexander von; German natural historian (1769-1859).
Mare Humorum	-24.4	-38.6	389	Sea of Moisture.
Mare Imbrium	32.8	-15.6	1,123.0	Sea of Showers.
Mare Ingenii	-33.7	163.5	318	Sea of Cleverness.
Mare Insularum	7.5	-30.9	513	Sea of Islands.
Mare Marginis	13.3	86.1	420	Sea of the Edge.
Mare Moscoviense	27.3	147.9	277	Sea of Muscovy.
Mare Nectaris	-15.2	35.5	333	Sea of Nectar.
Mare Nubium	-21.3	-16.6	715	Sea of Clouds.
Mare Orientale	-19.4	-92.8	327	Eastern sea
Mare Serenitatis	28	17.5	707	Sea of Serenity.
Mare Smythii	1.3	87.5	373	Smyth, William Henry; British astronomer (1788-1865).

NOME	LAT.	LONG.	DIAM. km	ORIGINE DEL NOME
Mare Spumans	1.1	65.1	139	Foaming Sea.
Mare Tranquillitatis	8.5	31.4	873	Sea of Tranquility.
Mare Undarum	6.8	68.4	243	Sea of Waves.
Mare Vaporum	13.3	3.6	245	Sea of Vapors.
Oceanus Procellarum	18.4	-57.4	2,568.0	Ocean of Storms.

3.7 I monti e catene montuose

Abbiamo detto che i maria si sono formati grazie a tremendi impatti con enormi meteoriti. Le onde d'urto prodotte dall'impatto hanno spostato enormi quantità di materiale creando un sistema di anelli concentrici che si allargano verso l'esterno, innalzando così le pareti del bacino prodotto, e che costituiscono le catene montuose. Data l'enorme energia sviluppata dall'impatto, il suolo si è subito fratturato in profondità fino anche a 400 km, rompendo il mantello e permettendo la lava sottostante di emergere lungo queste aperture e di allagare il bacino appena prodotto. L'allagamento ha sommerso anche parte delle pareti ed in particolare gli anelli montuosi più interni che in alcuni casi però mostrano solo i picchi più elevati che fuoriescono dalla pianura lavica. Una prova evidente di quanto appena detto è data dagli "appennnini lunari", che prendono il nome proprio dalle formazioni terrestri. Gli appennini lunari si possono osservare subito dopo il primo Quarto sul versante sud del Mare Imbrium.

L'osservatore attento noterà subito che seguendo la linea degli appennini dall'alto verso il basso, e quindi da destra verso sinistra, essi si congiungono con un'altra catena, cioè quella dei Carpathi. Altro non è che un'estensione degli stessi appennini che nella loro traiettoria congiunti ad altri monti sulla stessa linea, vanno a formare l'intero anello del Mare Imbrium. Inoltre come gli appennini, tutti i complessi montuosi si estendono per migliaia di chilometri (anche se spesso in modo discontinuo), disegnando sempre delle traiettorie curve fino a formare grossi cerchi.

Il Mare Imbrium (830.000 km²) circondato da lunghissime catene montuose. In basso a sinistra gli appennini lunari, più a destra la catena dei monti Carpathian, e a seguite in senso orario altre formazioni montuose che chiudono il cerchio del grosso bacino.

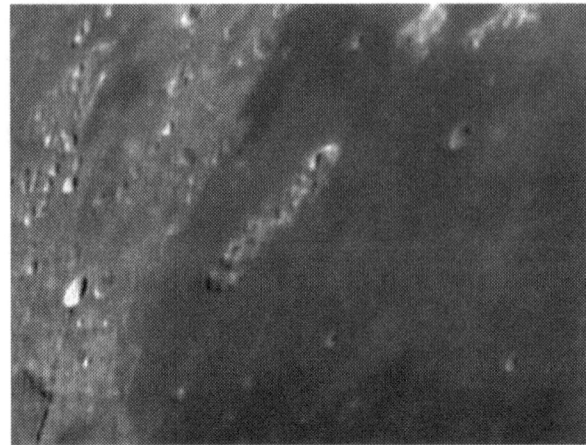

Un classico esempio di anelli montuosi interni al Mare Imbrium semisommersi dalla lava "i Montes Recti".

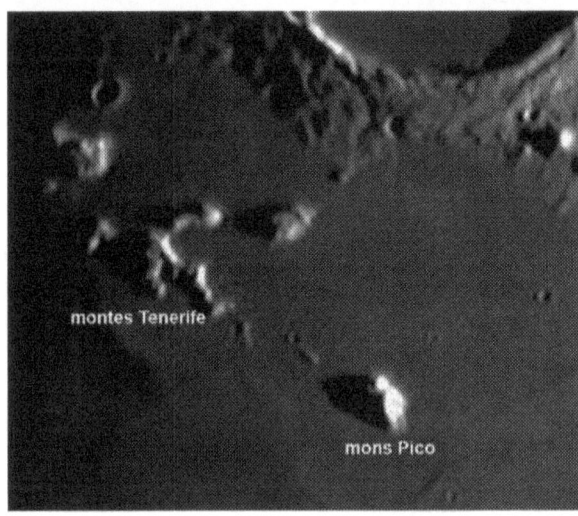

I monti Tenerife e Pico, altre vette di montagne semisommerse sempre nel bacino del Mare Imbrium.

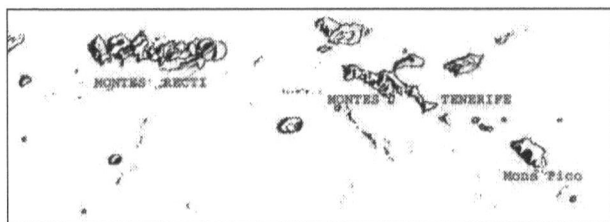

Ecco come sono disposti sia i Montes Recti che i monti Tenerife e Pico, lungo una linea curva a testimonianza di un anello montuoso semisommerso e interrotto dall'allagamento lavico.

Elenco montagne lunari:

Dati da U.S.Geological Survey

NOME	LAT.	LONG.	DIMENS. km	ORIGINE DEL NOME
Mons Agnes	18.6	5.3	1	Greek female name.
Mons Ampère	19	-4	30	André-Marie; French physicist (1775-1836).
Mons André	5.2	120.6	10	French male name.
Mons Ardeshir	5	121	8	Persian (Iranian) king's name.
Mons Argaeus	19	29	50	Named from peak in Asia Minor (now Erciyas Dagi).
Mons Bradley	22	1	30	James; British astronomer (1693-1762).
Mons Delisle	29.5	-35.8	30	Named from nearby crater.
Mons Dieter	5	120.2	20	German male name.
Mons Dilip	5.6	120.8	2	Indian male name.
Mons Esam	14.6	35.7	8	Arabic male name.
Mons Euler	23.3	-29.2	27	Leonhard; Swiss mathematician (1707-1783). Note: Same as Mons Vinogradov
Mons Ganau	4.8	120.6	14	African male name.
Mons Gruithuisen Delta	36	-39.5	20	Named from nearby crater.
Mons Gruithuisen Gamma	36.6	-40.5	20	Named from nearby crater.
Mons Hadley	26.5	4.7	25	Named for Mons Hadley.
Mons Hadley Delta	25.8	3.8	15	Named from nearby mountain.
Mons Hansteen	-12.1	-50	30	Named from nearby crater.
Mons Herodotus	27.5	-53	5	Named from nearby crater.

NOME	LAT.	LONG.	DIMENS. km	ORIGINE DEL NOME
Mons Huygens	20	-2.9	40	Christiaan; Dutch astronomer, mathematician, physicist (1629-1695).
Mons La Hire	27.8	-25.5	25	Philippe De; French mathematician, astronomer (1640-1718).
Mons Maraldi	20.3	35.3	15	Named from nearby crater.
Mons Moro	-12	-19.7	10	Antonio Lazzaro; Italian Earth scientist (1687-1764).
Mons Penck	-10	21.6	30	Albrecht; German geographer (1858-1945).
Mons Pico	45.7	-8.9	25	Spanish for "peak".
Mons Piton	40.6	-1.1	25	Named from Mt. Piton on Tenerife Islands.
Mons Rümker	40.8	-58.1	70	Karl Ludwig Christian; German astronomer (1788-1862).
Mons Usov	12	63	15	Mikhail Antonovich; Soviet geologist (1883-1939).
Mons Vinogradov	22.4	-32.4	25	Aleksandr Pavlovich; Soviet geochemist and cosmochemist (1895-1975). Note: Formerly Mons Euler
Mons Vitruvius	19.4	30.8	15	Named from nearby crater.
Mons Wolff	17	-6.8	35	Christian, Baron von; German philosopher (1679-1754).
Mont Blanc	45	1	25	Named for terrestrial mountain in Alps.
Montes Agricola	29.1	-54.2	141	Georgius; German Earth scientist (1494-1555).
Montes Alpes	46.4	-0.8	281	Named from terrestrial Alps.
Montes Apenninus	18.9	-3.7	401	Named from terrestrial Apennines.
Montes Archimedes	25.3	-4.6	163	Named from nearby crater.
Montes Carpatus	14.5	-24.4	361	Named from terrestrial Carpathians.
Montes Caucasus	38.4	10	445	Named from terrestrial Caucasus Mountains.

NOME	LAT.	LONG.	DIMENS. km	ORIGINE DEL NOME
Montes Cordillera	-17.5	-81.6	574	Spanish for "mountain chain".
Montes Haemus	19.9	9.2	560	Named for range in the Balkans.
Montes Harbinger	27	-41	90	Harbingers of dawn on crater Aristarchus.
Montes Jura	47.1	-34	422	Named from terrestrial Jura Mountains.
Montes Pyrenaeus	-15.6	41.2	164	Named from terrestrial Pyrenees.
Montes Recti	48	-20	90	Latin for "straight range".
Montes Riphaeus	-7.7	-28.1	189	Named from range in Asia (now Ural Mountains).
Montes Rook	-20.6	-82.5	791	Lawrence; British astronomer (1622-1666).
Montes Secchi	3	43	50	Named from nearby crater.
Montes Spitzbergen	35	-5	60	German for "sharp peaks", and named for resemblance to the terrestrial island group.
Montes Taurus	28.4	41.1	172	Named from terrestrial Taurus Mts.
Montes Teneriffe	47.1	-11.8	182	Named from terrestrial island.

Elenco Promontori lunari:

Dati da U.S.Geological Survey

NOME	LAT.	LONG.	DIMENS. km	ORIGINE DEL NOME
Promontorium Agarum	14	66	70	Named from cape in Sea of Azov.
Promontorium Agassiz	42	1.8	20	Jean Louis Rodolphe; Swiss zoologist, geologist (1807-1873).
Promontorium Archerusia	16.7	22	10	Named from cape on the Black Sea.
Promontorium Deville	43.2	1	20	Sainte-Claire Charles; French geologist (1814-1876).
Promontorium Fresnel	29	4.7	20	Augustin Jean; French optician (1788-1827).
Promontorium Heraclides	40.3	-33.2	50	Ponticus; Greek astronomer (c. 388-310 B.C.).
Promontorium Kelvin	-27	-33	50	William Thomson, Lord Kelvin; Scottish natural philosopher (1824-1907).
Promontorium Laplace	46	-25.8	50	Pierre Simon; French mathematician, astronomer (1749-1827).
Promontorium Taenarium	-19	-8	70	Named from cape in Greece; now Matapan or Tainaron.

Spesso, i grandi bacini presentano brevi interruzioni lungo le proprie pareti montuose dove il magma si è versato andando a riempire brevi tratti di suolo oltre il bacino originario. Queste insenature sono dette *"Sinus"*(insenature); *"Lacus"*(laghi) oppure *"Palus"*(paludi) a seconda della vastità e della morfologia della zona interessata dall'allagamento lavico.

Ricordiamo inoltre che i grossi crateri da impatto, come i maria, hanno subito a seguito della fatturazione profonda del suolo un abbondante versamento di magma, e quindi presentano un suolo levigato e del tutto identico a quello dei maria, che però data le loro ridotte dimensioni rispetto ai maria sono semplicemente chiamati *"circhi"*, il più suggestivo e conosciuto è Plato (nella foto sotto).

Il circo del cratere Plato a nord del Mare Imbrium. Notare le dimensioni di Plato rispetto al Mare Imbrim.

Elenco Lacus lunari:

Dati da U.S.Geological Survey

NOME	LAT.	LONG.	DIMENS. km	ORIGINE DEL NOME
Lacus Aestatis	-15	-69	90	Lake of Summer.
Lacus Autumni	-9.9	-83.9	183	Lake of Autumn.
Lacus Bonitatis	23.2	43.7	92	Lake of Goodness.
Lacus Doloris	17.1	9	110	Lake of Sorrow.
Lacus Excellentiae	-35.4	-44	184	Lake of Excellence.
Lacus Felicitatis	19	5	90	Lake of Happiness.
Lacus Gaudii	16.2	12.6	113	Lake of Joy.
Lacus Hiemalis	15	14	50	Wintry Lake.
Lacus Lenitatis	14	12	80	Lake of Softness.
Lacus Luxuriae	19	176	50	Lake of Luxury.
Lacus Mortis	45	27.2	151	Lake of Death.
Lacus Oblivionis	-21	-168	50	Lake of Forgetfulness.
Lacus Odii	19	7	70	Lake of Hatred.
Lacus Perseverantiae	8	62	70	Lake of Perseverance.
Lacus Solitudinis	-27.8	104.3	139	Lake of Solitude.
Lacus Somniorum	38	29.2	384	Lake of Dreams.
Lacus Spei	43	65	80	Lake of Hope.
Lacus Temporis	45.9	58.4	117	Lake of Time.
Lacus Timoris	-38.8	-27.3	117	Lake of Fear.
Lacus Veris	-16.5	-86.1	396	Lake of Spring.

Elenco Palus lunari:

Dati da U.S.Geological Survey

NOME	LAT.	LONG.	DIMENS. km	ORIGINE DEL NOME
Palus Epidemiarum	-32	-28.2	286	Marsh of Epidemics.
Palus Putredinis	26.5	0.4	161	Marsh of Decay.
Palus Somni	14.1	45	143	Marsh of Sleep.

Elenco Sinus lunari:

Dati da U.S.Geological Survey

NOME	LAT.	LONG.	DIAM. km	ORIGINE DEL NOME
Sinus Aestuum	10.9	-8.8	290	Seething Bay.
Sinus Amoris	18.1	39.1	130	Bay of Love.
Sinus Asperitatis	-3.8	27.4	206	Bay of Roughness.
Sinus Concordiae	10.8	43.2	142	Bay of Harmony.
Sinus Fidei	18	2	70	Bay of Trust.
Sinus Honoris	11.7	18.1	109	Bay of Honor.
Sinus Iridum	44.1	-31.5	236	Bay of Rainbows.
Sinus Lunicus	31.8	-1.4	126	Lunik Bay-landing area of Luna (Lunik) 2.
Sinus Medii	2.4	1.7	335	Bay of the center.
Sinus Roris	54	-56.6	202	Bay of Dew.
Sinus Successus	0.9	59	132	Bay of Success.

3.8 I solchi lunari

Nell'osservare i maria, si possono notare dei solchi di varie lunghezze e forme. Interpretati come fessure dovute alla diminuzione di volume causata dal raffreddamento, o linee di fuoriuscita di masse gassose o canali scavati dallo scorrere di lava fusa. La natura di queste strutture quindi, può essere diversa da caso a caso, e una prima grossolana analisi si può fare osservandone la forma. Molti di essi sono lunghi decine o anche centinaia di chilometri, profondi varie centinaia di metri e larghi fino a due chilometri ed oltre. Molti di questi solchi sono connessi ai fenomeni che hanno originato i mari. Altri sono legati al consolidamento dei fondi di molti crateri. Un esempio classico si osserva nell'interno del cratere Gassendi, presso il Mare Humorum, ricoperto da una vera graticola di crepacci.

Molto spettacolari sono le "valli sinuose" o "rimae". Si è portati a pensare che queste rimae sono state scavate dalla lava proprio come avviene sulla Terra, dove in seguito alla colata di magma fuoriuscita lentamente, dapprima si raffredda ai margini spingendo il flusso in una unica direzione formando un canale serpeggiante che rappresenta poi la valle sinuosa. Quando la lava è molto fluida, si può verificare anche uno scavo sotterraneo, dove spesso il soffitto di tale tunnel collassa in seguito ai lievi lunamoti, formando la rima visibile sul suolo lunare.

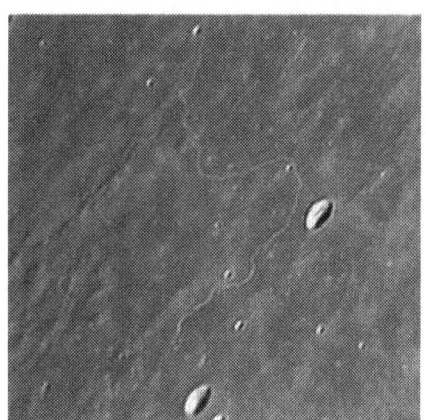 

Alcuni esempi di valli sinuine: a sinistra la rima Marius (121 km,), e a destra la rima Hadley (80 km.).

Le rimae che presentano una larghezza superiore ai due chilometri, sono denominate vallis (*walled plain*).

La Vallis Alpes

La Vallis Reitha

Quando per la distensione della crosta si verifica la rottura di una massa rocciosa con conseguente spostamento dei blocchi separati, ha origine una "faglia". Una faglia infatti, identifica un piano lungo il quale si è avuto un movimento relativo tra le due parti di roccia, e si intende che questo piano continua in profondità fino a quando incontra una zona a comportamento plastico capace di ammortizzare il movimento. Il blocco di roccia che sta sopra l'altro si definisce tetto, mentre quello che si trova più in basso è chiamato piede o letto. In base alla direzione dei movimenti relativi tra le due parti della faglia si distinguono in faglie dirette, classiche di zone in fase di *distensione*. faglie inverse, tipiche di zone in *compressione*.

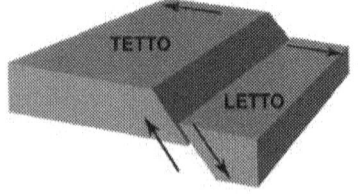

Faglia diretta

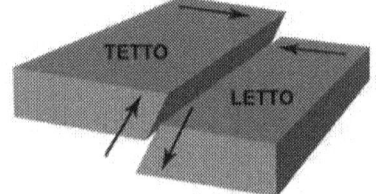

Faglia inversa

Sulla Luna si sono formate per distensione le faglie dirette. Mentre le faglie inverse sono tipiche di una tettonica a placche continentali come nel caso della Terra dove queste per compressione si scontrano tra loro formando appunto questo tipo di innalzamento del tetto. Come abbiamo visto, sulla luna, per compressione si sono generate le dorsae.

Le pareti generate dal dislivello tra il tetto e il letto, presentano in genere una pendenza massima di 30°.

Le faglie dirette (dove i blocchi si allontanano) possono generare dei bacini allungati in una direzione, poiché in quella zona la crosta è stata tirata e lo spessore è diminuito, il blocco centrale è scivolato verso il basso assottigliandosi. Si formano così ai lati due pareti parallele e convergenti verso il centro dando a questo tipo di struttura una sezione trapezoidale. Queste strutture prendono il nome di "graben".

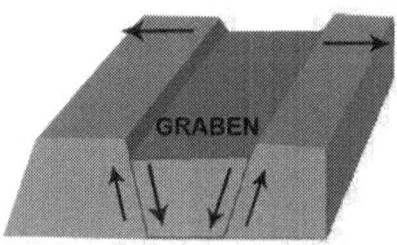

Sezione di un Graben

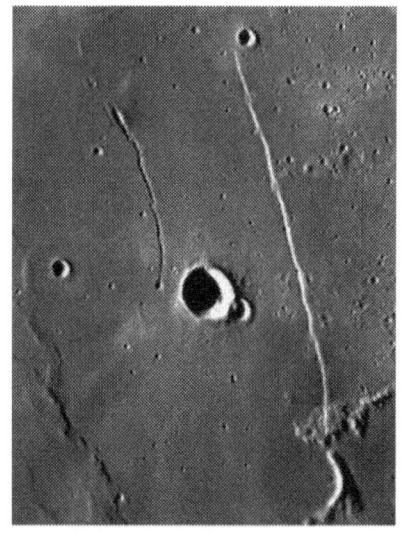

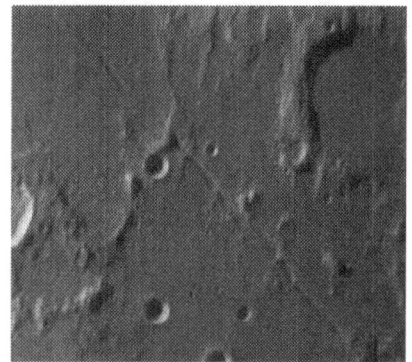

Esempio di graben lunare:
la rima Ariadeaus

Esempio di faglia lunare:
la Rupes Recta (o muro diritto)

Una faglia diretta sul suolo lunare viene generalmente detta "rupes". Il termine rupes però indica genericamente una scarpata non necessariamente di origine tettonica, infatti molte rupes lunari sono costituite da semplici dislivelli uniformi del suolo, come ad esempio la ruper Altai che è costituita da un dislivello causato da una antica catena montuosa formatasi durante il processo di formazione del bacino del mare Nectaris, e parzialmente erosa dai bombardamenti meteoritici.

Rupes Altai

Elenco rimae lunari:

Dati da U.S.Geological Survey

NOME	LONG.	LAT.	LUNG.. KM	ORIGINE DEL NOME
Rima Agatharchides	-20	-28	50	Named from nearby crater.
Rima Agricola	29	-53	110	Named from nearby Montes.
Rima Archytas	53	3	90	Named from nearby crater.
Rima Ariadaeus	6.4	14	250	Named from nearby crater.
Rima Artsimovich	27	-39	70	Named from nearby crater.
Rima Billy	-15	-48	70	Named from nearby crater.
Rima Birt	-21	-9	50	Named from nearby crater.
Rima Bradley	23.8	-1.2	161	Named from nearby Mons.
Rima Brayley	21.4	-37.5	311	Named from nearby crater.
Rima Calippus	37	13	40	Named from nearby crater.
Rima Cardanus	11.4	-71.5	175	Named from nearby crater.
Rima Carmen	19.8	29.3	10	Spanish female name.
Rima Cauchy	10.5	38	140	Named from nearby crater.
Rima Cleomedes	27	57	80	Within crater.
Rima Cleopatra	30	-53.8	14	Greek female name.
Rima Conon	18.6	2	30	Named from nearby crater.
Rima Dawes	17.5	26.6	15	Named from nearby crater.
Rima Delisle	31	-32	60	Named from nearby crater.
Rima Diophantus	29	-33	150	Named from nearby crater.
Rima Draper	18	-25	160	Named from nearby crater.
Rima Euler	21	-31	90	Named from nearby crater.
Rima Flammarion	-2.8	-5.6	80	Named from nearby crater.
Rima Furnerius	-35	61	50	Within crater.
Rima G. Bond	33.3	35.5	168	Named from nearby crater.
Rima Galilaei	11.9	-58.5	89	Named from nearby crater.
Rima Gärtner	59	36	30	Within crater.
Rima Gay-Lussac	13	-22	40	Named from nearby crater.
Rima Hadley	25	3	80	Named from nearby Mons.
Rima Hansteen	-12	-53	25	Named from nearby crater.
Rima Hase	-29.4	62.5	83	Named from nearby crater.
Rima Hesiodus	-30	-20	256	Named from nearby crater.
Rima Hyginus	7.4	7.8	219	Named from nearby crater.
Rima Jansen	14.5	29	35	Named from nearby crater.
Rima Krieger	29	-45.6	22	Named from nearby crater.
Rima Laplace	48	-26	130	Named from nearby Promontorium.
Rima Mairan	38	-47	90	Named from nearby crater.

NOME	LONG.	LAT.	LUNG., KM	ORIGINE DEL NOME
Rima Marcello	18.6	27.7	2	Italian male name.
Rima Marco Polo	15.4	-2	28	Belongs to Rima Bode system.
Rima Marius	16.5	-48.9	121	Named from nearby crater.
Rima Messier	-1	45	100	Named from nearby crater.
Rima Milichius	8	-33	100	Named from nearby crater.
Rima Newcomb	29.9	43.8	41	Named from nearby crater.
Rima Oppolzer	-1.7	1	94	Named from nearby crater.
Rima Ptolemaeus	-9.2	-1.8	153	A Catena, not a Rima.
Rima Réaumur	-3	3	30	Named from nearby crater.
Rima Reiko	18.6	27.7	2	Japanese female name.
Rima Rudolf	19.6	29.6	8	German male name.
Rima Schröter	1	-6	40	Named from nearby crater.
Rima Schröter	26	-51	150	Erroneous name for Vallis Schröter on LTO 38B3.
Rima Sharp	46.7	-50.5	107	Named from nearby crater.
Rima Sheepshanks	58	24	200	Named from nearby crater.
Rima Siegfried	-25.9	103	14	German male name.
Rima Suess	6.7	-48.2	165	Named from nearby crater.
Rima Sung-Mei	24.6	11.3	4	Chinese female name; part of [Lorca].
Rima T. Mayer	13	-31	50	Named from nearby crater.
Rima Vladimir	25.2	-0.7	14	Slavic male name.
Rima Wan-Yu	20	-31.5	12	Chinese female name.
Rima Widmannstatten	-6.1	85.5	46	Named from nearby crater.
Rima Yangel'	16.7	4.6	30	Named from nearby crater.
Rima Zahia	25	-29.5	16	Arabic female name.
Rimae Alphonsus	-14	-2	80	Within crater of same name.
Rimae Apollonius	5	53	230	Named from nearby crater.
Rimae Archimedes	26.6	-4.1	169	Named from nearby crater.
Rimae Aristarchus	26.9	-47.5	121	Named from nearby crater.
Rimae Arzachel	-18	-2	50	Within crater.
Rimae Atlas	47.5	43.6	60	Within crater.
Rimae Bode	10	-4	70	Named from nearby crater.
Rimae Boscovich	9.8	11.1	40	Within crater.
Rimae Bürg	44.5	23.8	147	Named from nearby crater.
Rimae Chacornac	29	32	120	Named from nearby crater.
Rimae Daniell	37	26	200	Named from nearby crater.
Rimae Darwin	-19.3	-69.5	143	Named from nearby crater.

NOME	LONG.	LAT.	LUNG.. KM	ORIGINE DEL NOME
Rimae de Gasparis	-24.6	-51.1	93	Named from nearby crater.
Rimae Doppelmayer	-25.9	-45.1	162	Named from nearby crater.
Rimae Focas	-28	-98	100	Named from nearby crater.
Rimae Fresnel	28	4	90	Named from nearby promontorium.
Rimae Gassendi	-18	-40	70	Within crater.
Rimae Gerard	46	-84	100	Named from nearby crater.
Rimae Goclenius	-8	43	240	Named from nearby crater.
Rimae Golitsyn	25.1	-105	36	Part of Rimae Pettit.
Rimae Grimaldi	-9	-64	230	Named from nearby crater.
Rimae Gutenberg	-5	38	330	Named from nearby crater.
Rimae Hase	-29.4	62.5	83	Named from nearby crater.
Rimae Herigonius	-13	-37	100	Named from nearby crater.
Rimae Hevelius	1	-68	182	Named from nearby crater.
Rimae Hippalus	-25.5	-29.2	191	Named from nearby crater.
Rimae Hypatia	-0.4	22.4	206	Named from nearby crater.
Rimae Janssen	-45.6	40	114	Within crater.
Rimae Kopff	-17.4	-89.6	41	Named from nearby crater.
Rimae Liebig	-20	-45	140	Named from nearby crater. (Name dropped because it is the same feature as Rimae Mersenius.)
Rimae Littrow	22.1	29.9	115	Named from nearby crater.
Rimae Maclear	13	20	110	Named from nearby crater.
Rimae Maestlin	2	-40	80	Named from nearby crater.
Rimae Maupertuis	52	-23	60	Named from nearby crater.
Rimae Menelaus	17.2	17.9	131	Named from nearby crater.
Rimae Mersenius	-20	-46.5	300	Named for nearby crater.
Rimae Opelt	-13	-18	70	Named from nearby crater.
Rimae Palmieri	-28	-47	150	Named from nearby crater.
Rimae Parry	-6.1	-16.8	82	Named from nearby crater.
Rimae Petavius	-25.9	58.9	80	Within crater.
Rimae Pettit	-23	-92	450	Named from nearby crater.
Rimae Pitatus	-28.5	-13.8	94	Within crater.
Rimae Plato	52.9	-3.2	87	Named from nearby crater.
Rimae Plinius	17.9	23.6	124	Named from nearby crater.
Rimae Posidonius	32	28.7	70	Within crater.
Rimae Prinz	27	-43	80	Named from nearby crater.
Rimae Ramsden	-33.9	-31.4	108	Named from nearby crater.
Rimae Repsold	50.6	-81.7	166	Named from nearby crater.
Rimae Riccioli	-2	-74	400	Named from nearby crater.

NOME	LONG.	LAT.	LUNG.. KM	ORIGINE DEL NOME
Rimae Ritter	3	18	100	Named from nearby crater.
Rimae Römer	27	35	110	Named from nearby crater.
Rimae Secchi	1	44	35	Named from nearby crater.
Rimae Sirsalis	-15.7	-61.7	426	Named from nearby crater.
Rimae Sosigenes	8.6	18.7	190	Named from nearby crater.
Rimae Stadius	10.5	-13.7	69	A Catena, not a Rima.
Rimae Sulpicius Gallus	21	10	90	Named from nearby crater.
Rimae Taruntius	5.5	46.5	25	Within crater.
Rimae Theaetetus	33	6	50	Named from nearby crater.
Rimae Triesnecker	4.3	4.6	215	Named from nearby crater.
Rimae Vasco da Gama	10	-82	60	Named from nearby crater.
Rimae Zupus	-15	-53	120	Named from nearby crater.

Elenco Rupes lunari:

Dati da U.S.Geological Survey

NOME	LONG.	LAT.	DIAM. KM	ORIGINE DEL NOME
Rupes Altai	-24.3	22.6	427	Named from terrestrial Altai Mountains.
Rupes Boris	30.5	-33.5	4	Named from nearby crater.
Rupes Cauchy	9	37	120	Named from nearby crater.
Rupes Kelvin	-27.3	-33.1	78	Named from nearby promontorium.
Rupes Liebig	-25	-46	180	Named from nearby crater.
Rupes Mercator	-31	-22.3	93	Named from nearby crater.
Rupes Recta	-22.1	-7.8	134	Latin for "straight cliff" (The straight wall).
Rupes Toscanelli	27.4	-47.5	70	Named from nearby crater.

Elenco Vallis lunari:

Dati da U.S.Geological Survey

NOME	LONG.	LAT.	DIAM. KM	ORIGINE DEL NOME
Vallis Alpes	48.5	3.2	166	Alpine Valley.
Vallis Baade	-45.9	-76.2	203	Named from nearby crater.
Vallis Bohr	12.4	-86.6	80	Named from nearby crater.
Vallis Bouvard	-38.3	-83.1	284	Alexis; French astronomer, mathematician (1767-1843).
Vallis Capella	-7.6	34.9	49	Named from nearby crater.
Vallis Christel	24.5	11	2	German female name, part of Aratus CA. Note: Feature type changed from crater to vallis
Vallis Inghirami	-43.8	-72.2	148	Named from nearby crater.
Vallis Krishna	24.5	11.3	3	Indian male name, part of Aratus CA. Note: Feature type changed from crater to vallis
Vallis Palitzsch	-26.4	64.3	132	Named from nearby crater.
Vallis Planck	-58.4	126.1	451	Named from nearby crater.
Vallis Rheita	-42.5	51.5	445	Named from nearby crater.
Vallis Schrödinger	-67	105	310	Named from nearby crater.
Vallis Schröteri	26.2	-50.8	168	Schröter's Valley.
Vallis Snellius	-31.1	56	592	Named from nearby crater.

3.9 Le catenae lunari

Si tratta di allineamenti di piccoli crateri sulla superficie lunare, oppure di depressioni (che a differenza dei crateri non sono dotate di bordi sopraelevati rispetto alla superficie circostante).
Una catena può avere origine come risultato di un affondamento del terreno o dello scorrimento di un tubo di lava nel sottosuolo in tempi antichi. Oltre che sulla Luna, Formazioni di questo tipo sono state individuate anche su Marte, sui satelliti gioviani Ganimede e Callisto e sul satellite nettuniano Tritone.

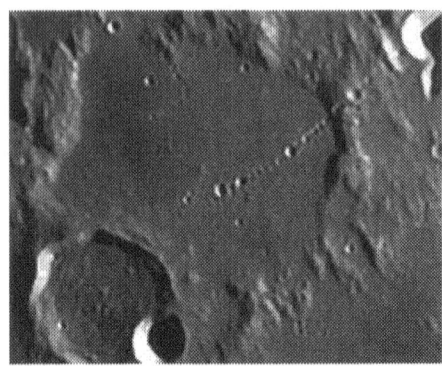

La catena craterica Davy
(lunga 50 km)
presso l'omonimo cratere.

Elenco Catenae lunari:

Dati da U.S.Geological Survey

NOME	LONG.	LAT.	LUNGH. KM	ORIGINE DEL NOME
Catena Abulfeda	-16.9	17.2	219	Named from nearby crater.
Catena Artamonov	26	105.9	134	Named from nearby crater.
Catena Brigitte	18.5	27.5	5	French female name.
Catena Davy	-11	-7	50	Named from nearby crater.
Catena Dziewulski	19	100	80	Named from nearby crater.
Catena Gregory	-0.6	129.9	152	Named from nearby crater.
Catena Humboldt	-21.5	84.6	165	Named from nearby crater.

NOME	LONG.	LAT.	LUNGH. KM	ORIGINE DEL NOME
Catena Krafft	15	-72	60	Named from nearby crater.
Catena Kurchatov	37.2	136.3	226	Named from nearby crater.
Catena Leuschner (GDL)	4.7	-110.1	364	Named from nearby crater; GDL=Gas Dynamics Laboratory
Catena Littrow	22.2	29.5	10	Named from nearby crater.
Catena Lucretius (RNII)	-3.4	-126.1	271	Named from nearby crater; RNII=Rocket Research Institute.
Catena Mendeleev	6.3	139.4	188	Named from nearby crater.
Catena Michelson (GIRD)	1.4	-113.4	456	Named from nearby crater; GIRD=Group for the Study of Reaction Motion.
Catena Pierre	19.8	-31.8	9	French male name.
Catena Sumner	37.3	112.3	247	Named from nearby crater.
Catena Sylvester	81.4	-86.2	173	Named from nearby crater.
Catena Taruntius	3	48	100	Named from nearby crater.
Catena Timocharis	29	-13	50	Named from nearby crater.
Catena Yuri	24.4	-30.4	5	Russian male name.

3.10 Le raggiere

Durante la fase di Luna piena, con l'assenza del terminatore, i dettagli superficiali sono appiattiti dall'altezza solare sull'orizzonte lunare. In questo caso oltre a distinguere solo le zone scure (maria) che contrastano con quelle più chiare (terrae), si possono ammirare le raggiere di crateri come Tycho, Copernicus, Kepler ecc. Le raggiere sono tipiche di crateri da impatto più giovani, quindi non cancellate da successivi mutamenti superficiali. Le raggiere si sono formate in seguito a impatti meteoritici con conseguente espulsione di detriti dal suolo lunare che si sono depositati nelle regioni circostanti l'impatto in tutte le direzioni formando una chiazza con lunghi filamenti (raggi). Avendo i detriti una riflettività (albedo) differente da quella del terreno su cui si deposita, la raggiera risulta ben visibile, estendendosi spesso per distanze pari a svariate centinaia di chilometri dal bordo del cratere centrale. Le raggiere sono spesso accompagnate da piccoli crateri secondari, prodotti dall'impatto dei detriti espulsi di maggiori dimensioni. Più raramente l'impatto può incidere una superficie di materiale molto scuro, come la lava basaltica dei mari lunari, producendo una raggiera *negativa*. Lo studio dello stato delle raggiere pouò dare indicazioni sull'età del cratere da impatto, in quanto queste formazioni vengono erose e poi cancellate da vari processi come ad esempio il bombardamento da parte di raggi cosmici e di micrometeoriti che producono una progressiva riduzione della differenza di albedo tra i detriti e il terreno sottostante. In particolare i micrometeoriti producono una vetrificazione della regolite che ne diminuisce la riflettività. Le raggiere in genere si trovano prevalentemente su quei corpi celesti che sono privi di atmosfera, come ad esempio altri pianeti terrestri. Siccome la disposizione dei detriti in ricaduta sul suolo dipende dal tipo di materiale espulso, il confronto di quelle presenti sul suolo lunare con quelle presenti su Marte hanno portato alla conclusione che su Marte ci sia potuta essere acqua.

Raggiere viste con illuminazione alta

Le raggiere sono più evidenti guardando la foto in negativo

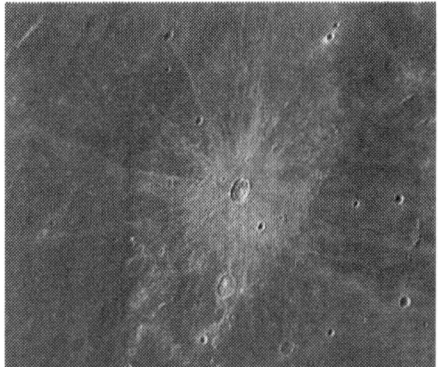

Ecco un ingrandimento della raggiera del cratere Kepler

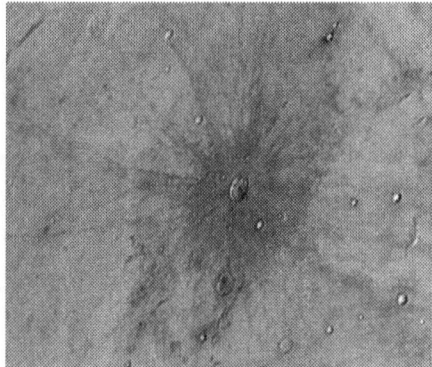

La stessa immagine in negativo

Le raggiere possono avere forma e caratteristiche diverse da un cratere all'altro. Questo dipende soprattutto dalla traiettoria e dall'angolo di incidenza del meteorite che ha impattato sul suolo. Un classico esempio è dato sia dal cratere Messier "A", nel Mare Fecunditatis, che presenta una raggiera con soli due raggi proiettati verso Ovest, e sia dal cratere Proclus presso il Mare Crisium da cui partono 3 raggiere a ventaglio orientate a 120° gradi l'una dall'altra. In entrambi i casi, il meteorite che ha scagliato il materiale che poi sarebbe andato a formare le raggiere, deve aver avuto una traiettoria a basso angolo di incidenza rispetto alla superficie.

Cratere Messier "A"

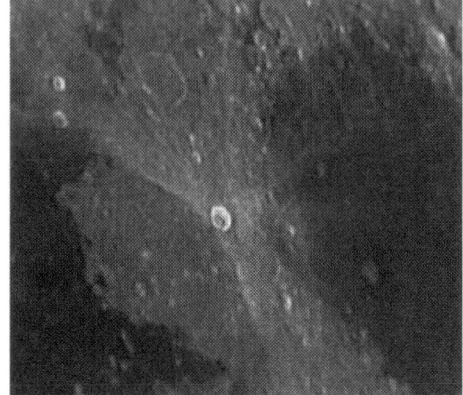

Cratere Proclus

I principali sistemi di raggiere:

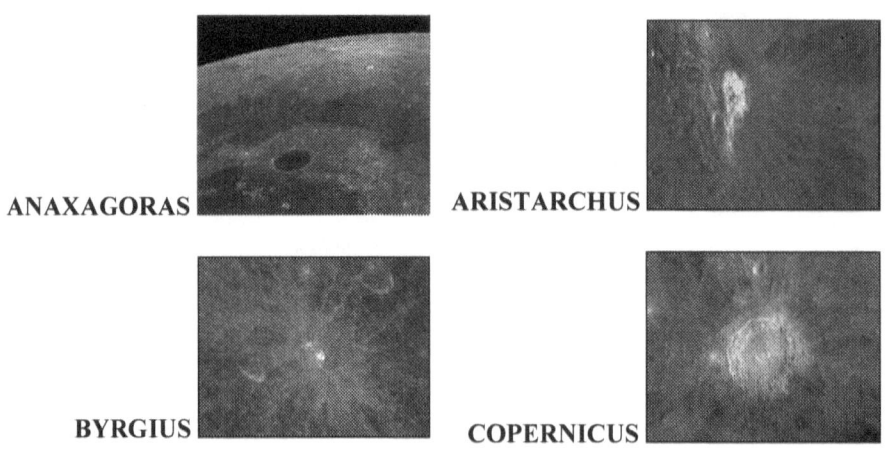

ANAXAGORAS   ARISTARCHUS

BYRGIUS   COPERNICUS

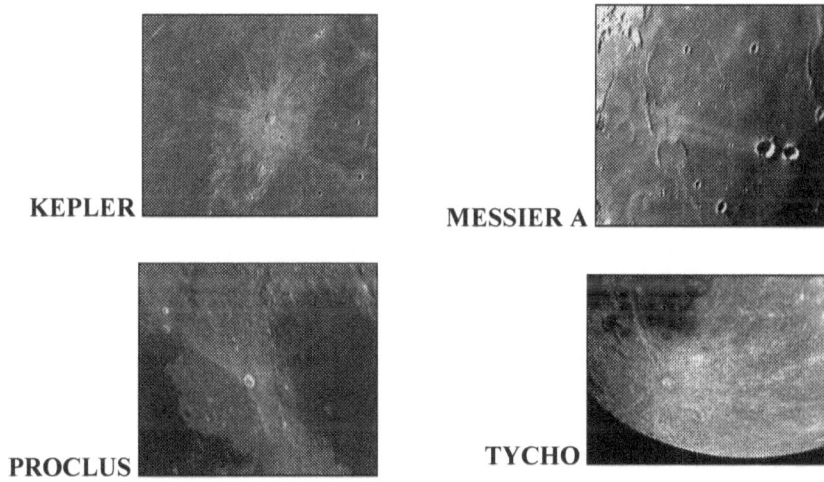

KEPLER

MESSIER A

PROCLUS

TYCHO

Oltre alle raggiere di grosse dimensioni, vi sono dei piccoli crateri i quali presentano dei sistemi minori di raggi ad elevato albedo, essi sono denominati: *"Bright Halo Crater"*, di solito questa tipologia di crateri sono di età relativamente recente, sono di minore complessità morfologica e più profondi rispetto ai crateri di dimensioni superiori ai 15-20 Km privi di questo tipo di raggiere. Un esempio per tutti è il piccolo cratere (circa 4 chilometri), situato a Nord-Est del più grande circo Cassini di 57 chilometri.

Al centro dell'immagine è ben distinguibile il piccolo cratere Cassini "K" con alone bianco.

3.11 Le formazioni visibili di giorno in giorno durante il periodo di lunazione

Osservando la Luna al telescopio, notiamo subito come le strutture superficiali situate lungo il "terminatore", cioè la linea che separa la parte in ombra da quella illuminata dalla luce solare, siano osservabili dettagliatamente, in quanto in questo caso il Sole si trova relativamente basso sull'orizzonte lunare esaltando di conseguenza i particolari di crateri, dei monti ed altre strutture superficiali.

Come abbiamo visto, durante l'età lunare (o lunazione), cioè lo spostamento progressivo del terminatore da ovest verso est lungo l'emisfero visibile lunare, la Luna ci offre una visione parziale del disco sera dopo sera fino alla totalità di tutto l'emisfero visibile.

Vediamo ora cosa è possibile osservare al telescopio di sera in sera col progredire dell'età lunare.

Nelle tabelle seguenti sono riportate le formazioni visibili dal primo al quattordicesimo giorno di lunazione, cioè per tutte le fasi di Luna crescente e con illuminazione solare da est verso ovest. Dal quindicesimo al ventottesimo giorno saranno visibile progressivamente le stesse formazioni di giorno in giorno ma con illuminazione opposta, cioè da ovest verso est.

Se ad esempio, osserviamo il cratere Posidonius al quinto giorno di lunazione, osserveremo le ombre delle pareti occidentali del cratere proiettate dall'illuminazione solare in direzione ovest sul suolo circostante. Viceversa, al diciannovesimo giorno di lunazione osserveremo le ombre delle pareti orientali dello stesso cratere proiettate sul suolo circostante verso est.

Formazioni visibili durante il 1° giorno di lunazione:

Formazione	Dimens. (km)
Humboldtian (mare)	273
Reimann (cratere)	163
Gauss (cratere)	177
Marginis (mare)	420
Jensky (cratere)	72
Neper (cratere)	137
Smythii (mare)	373
Kastner (cratere)	108
Hunboldt (catena)	165
Hecataeus (cratere)	167
Humboldt (cratere)	189
Anguis (mare)	150
Condorcet (cratere)	74
Undarum (mare)	234
Gilbert (cratere)	112
La Perouse (cratere)	77
Balmer (cratere)	138
Legendre (cratere)	78
Oken (cratere)	71
Neumayer (cratere)	76

Formazioni visibili durante il 2° giorno di lunazione:

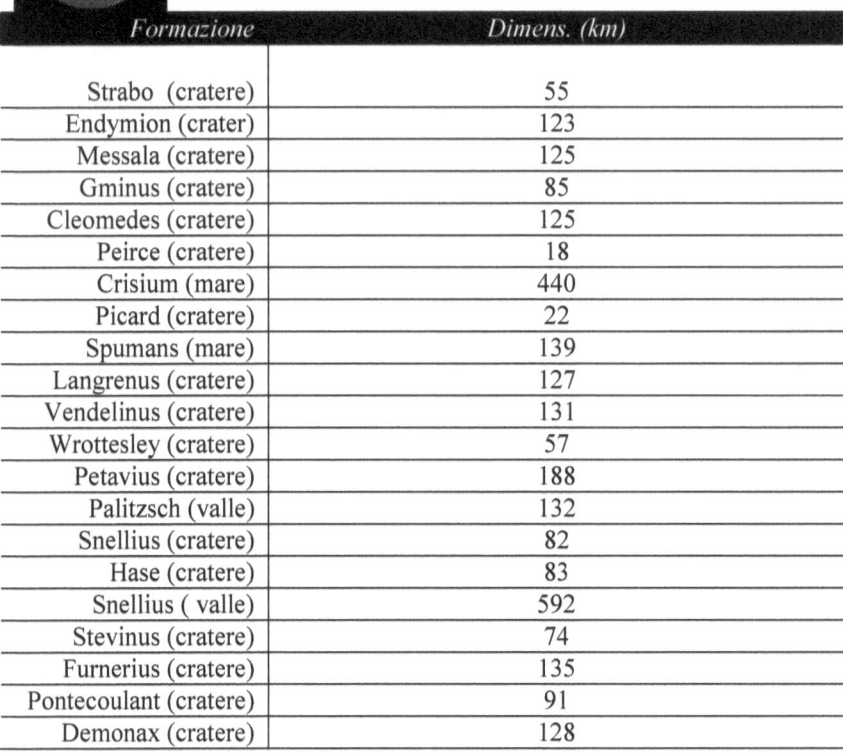

Formazione	Dimens. (km)
Strabo (cratere)	55
Endymion (crater)	123
Messala (cratere)	125
Gminus (cratere)	85
Cleomedes (cratere)	125
Peirce (cratere)	18
Crisium (mare)	440
Picard (cratere)	22
Spumans (mare)	139
Langrenus (cratere)	127
Vendelinus (cratere)	131
Wrottesley (cratere)	57
Petavius (cratere)	188
Palitzsch (valle)	132
Snellius (cratere)	82
Hase (cratere)	83
Snellius (valle)	592
Stevinus (cratere)	74
Furnerius (cratere)	135
Pontecoulant (cratere)	91
Demonax (cratere)	128

Formazioni visibili durante il 3° giorno di lunazione:

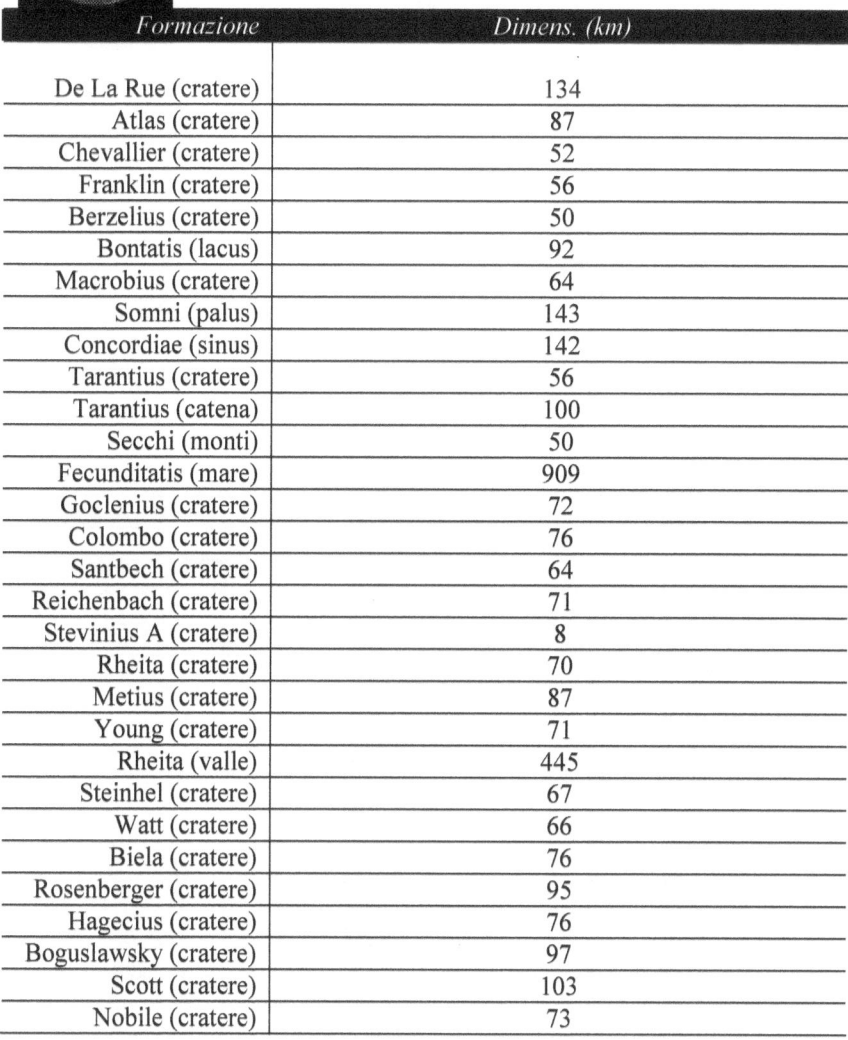

Formazione	Dimens. (km)
De La Rue (cratere)	134
Atlas (cratere)	87
Chevallier (cratere)	52
Franklin (cratere)	56
Berzelius (cratere)	50
Bontatis (lacus)	92
Macrobius (cratere)	64
Somni (palus)	143
Concordiae (sinus)	142
Tarantius (cratere)	56
Tarantius (catena)	100
Secchi (monti)	50
Fecunditatis (mare)	909
Goclenius (cratere)	72
Colombo (cratere)	76
Santbech (cratere)	64
Reichenbach (cratere)	71
Stevinius A (cratere)	8
Rheita (cratere)	70
Metius (cratere)	87
Young (cratere)	71
Rheita (valle)	445
Steinhel (cratere)	67
Watt (cratere)	66
Biela (cratere)	76
Rosenberger (cratere)	95
Hagecius (cratere)	76
Boguslawsky (cratere)	97
Scott (cratere)	103
Nobile (cratere)	73

Formazioni visibili durante il 4° giorno di lunazione:

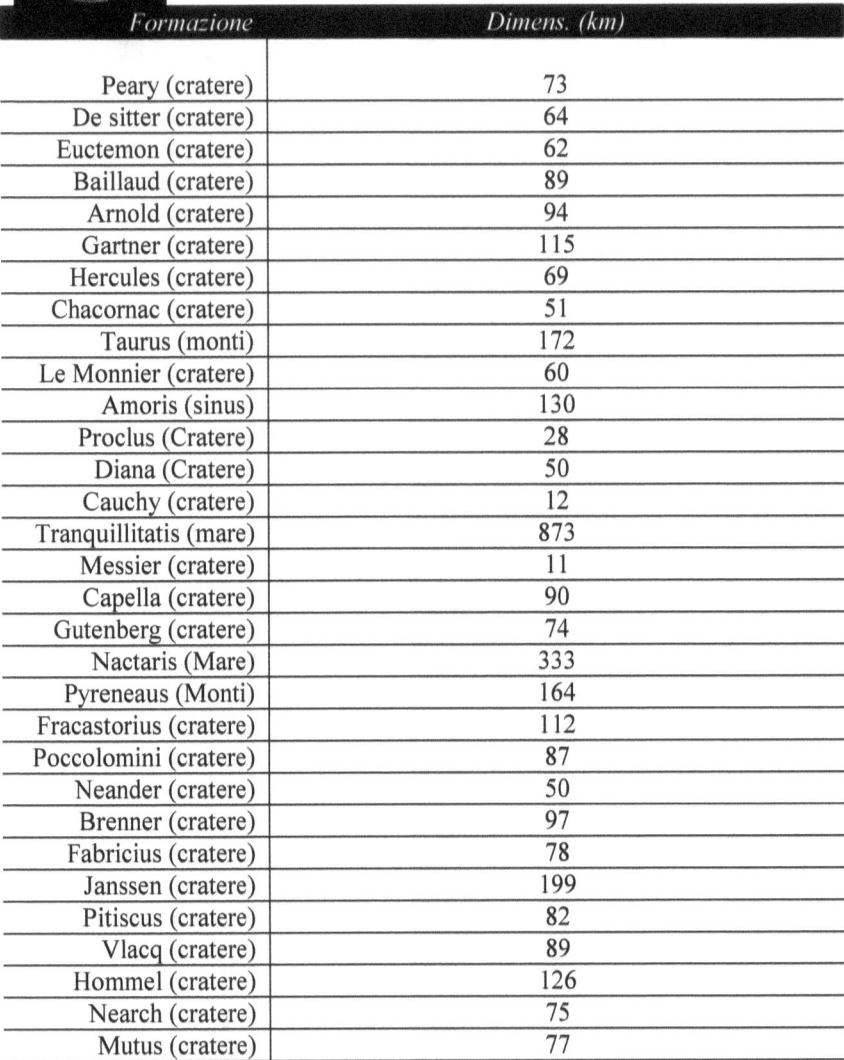

Formazione	Dimens. (km)
Peary (cratere)	73
De sitter (cratere)	64
Euctemon (cratere)	62
Baillaud (cratere)	89
Arnold (cratere)	94
Gartner (cratere)	115
Hercules (cratere)	69
Chacornac (cratere)	51
Taurus (monti)	172
Le Monnier (cratere)	60
Amoris (sinus)	130
Proclus (Cratere)	28
Diana (Cratere)	50
Cauchy (cratere)	12
Tranquillitatis (mare)	873
Messier (cratere)	11
Capella (cratere)	90
Gutenberg (cratere)	74
Nactaris (Mare)	333
Pyreneaus (Monti)	164
Fracastorius (cratere)	112
Poccolomini (cratere)	87
Neander (cratere)	50
Brenner (cratere)	97
Fabricius (cratere)	78
Janssen (cratere)	199
Pitiscus (cratere)	82
Vlacq (cratere)	89
Hommel (cratere)	126
Nearch (cratere)	75
Mutus (cratere)	77

Formazioni visibili durante il 5° giorno di lunazione:

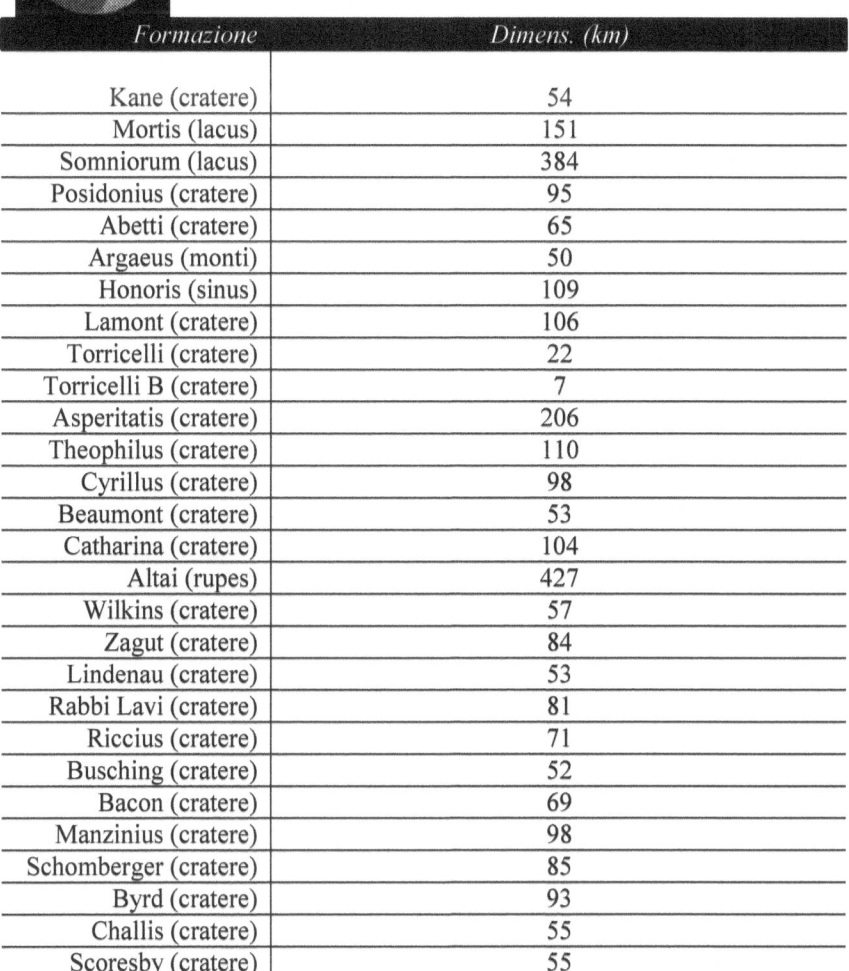

Formazione	Dimens. (km)
Kane (cratere)	54
Mortis (lacus)	151
Somniorum (lacus)	384
Posidonius (cratere)	95
Abetti (cratere)	65
Argaeus (monti)	50
Honoris (sinus)	109
Lamont (cratere)	106
Torricelli (cratere)	22
Torricelli B (cratere)	7
Asperitatis (cratere)	206
Theophilus (cratere)	110
Cyrillus (cratere)	98
Beaumont (cratere)	53
Catharina (cratere)	104
Altai (rupes)	427
Wilkins (cratere)	57
Zagut (cratere)	84
Lindenau (cratere)	53
Rabbi Lavi (cratere)	81
Riccius (cratere)	71
Busching (cratere)	52
Bacon (cratere)	69
Manzinius (cratere)	98
Schomberger (cratere)	85
Byrd (cratere)	93
Challis (cratere)	55
Scoresby (cratere)	55

Formazioni visibili durante il 6° giorno di lunazione:

Formazione	Dimens. (km)
Barrow (cratere)	92
Aristoteles (cratere)	87
Eudoxus (cratere)	67
Alexander (cratere)	81
Caucasus (monti)	445
Serenitatis (mare)	707
Harmus (monti)	60
Odii (lacus)	70
Doloris (lacus)	110
Gaudii (lacus)	113
Hiemalis (lacus)	50
Lenitatis (lacus)	80
Julius Caesar (cratere)	90
Arago (cratere)	26
Lade (cratere)	55
Delambre (cratere)	51
Abufelda (cratere)	65
Abufelda (catena)	219
Sacrobosco (cratere)	98
Apianus (cratere)	63
Pontanus (cratere)	57
Gemma Frisius (cratere)	87
Kaiser (cratere)	52
Buch (cratere)	53
Maurolycus (cratere)	114
Faraday (cratere)	69
Barocius (cratere)	82
Licetus (cratere)	74
Clairaut (cratere)	75
Heraclitus (cratere)	90
Cuvier (cratere)	75
Lilius (cratere)	61
Jacobi (cratere)	68
Pentland (cratere)	56
Simpelius (cratere)	70
Malapert (cratere)	69

Formazioni visibili durante il 7° giorno di lunazione:

Formazione	Dimens. (km)
Goldschmidt (cratere)	113
Epigenes (cratere)	55
W. Bond (cratere)	156
Frigoris (mare)	596
Alpes (Valle)	166
Alpes (monti)	281
Cassini (cratere)	56
Spitzbergen (monti)	60
Aristillus (cratere)	55
Lunicus (sinus)	126
Archimedes (cratere)	82
Linne (cratere)	2
Putredinis (palus)	161
Archimedes (monti)	163
Felicitatis (lacus)	90
Apenninus (monti)	401
Fidei (sinus)	70
Vaporum (mare)	245
Hyginus (rima)	219
Ariadeus (rima)	250
Murchison (cratere)	57
Medii (sinus)	335
Reumur (cratere)	52
Flammarion (cratere)	74
Hipparchus (cratere)	138
Ptolomeaus (cratere)	164
Albategnius (cratere)	114
Alphonsus (cratere)	108
Parrot (cratere)	70
Arzachel (cratere)	96
Thebit (cratere)	56
La Caille (cratere)	67
Blanchinus (cratere)	61
Purbach (cratere)	115
Werner (cratere)	70
Regiomontanus (cratere)	108

Formazioni visibili durante il 7° giorno di lunazione:

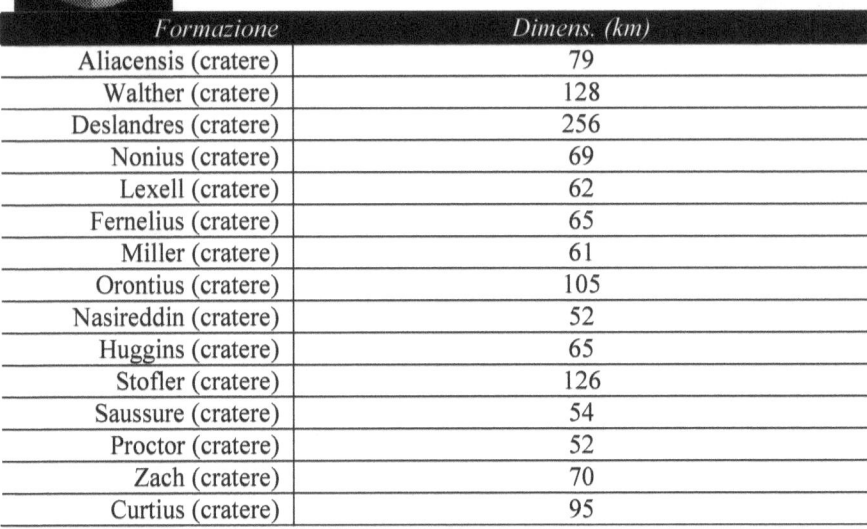

Formazione	Dimens. (km)
Aliacensis (cratere)	79
Walther (cratere)	128
Deslandres (cratere)	256
Nonius (cratere)	69
Lexell (cratere)	62
Fernelius (cratere)	65
Miller (cratere)	61
Orontius (cratere)	105
Nasireddin (cratere)	52
Huggins (cratere)	65
Stofler (cratere)	126
Saussure (cratere)	54
Proctor (cratere)	52
Zach (cratere)	70
Curtius (cratere)	95

Formazioni visibili durante il 8° giorno di lunazione:

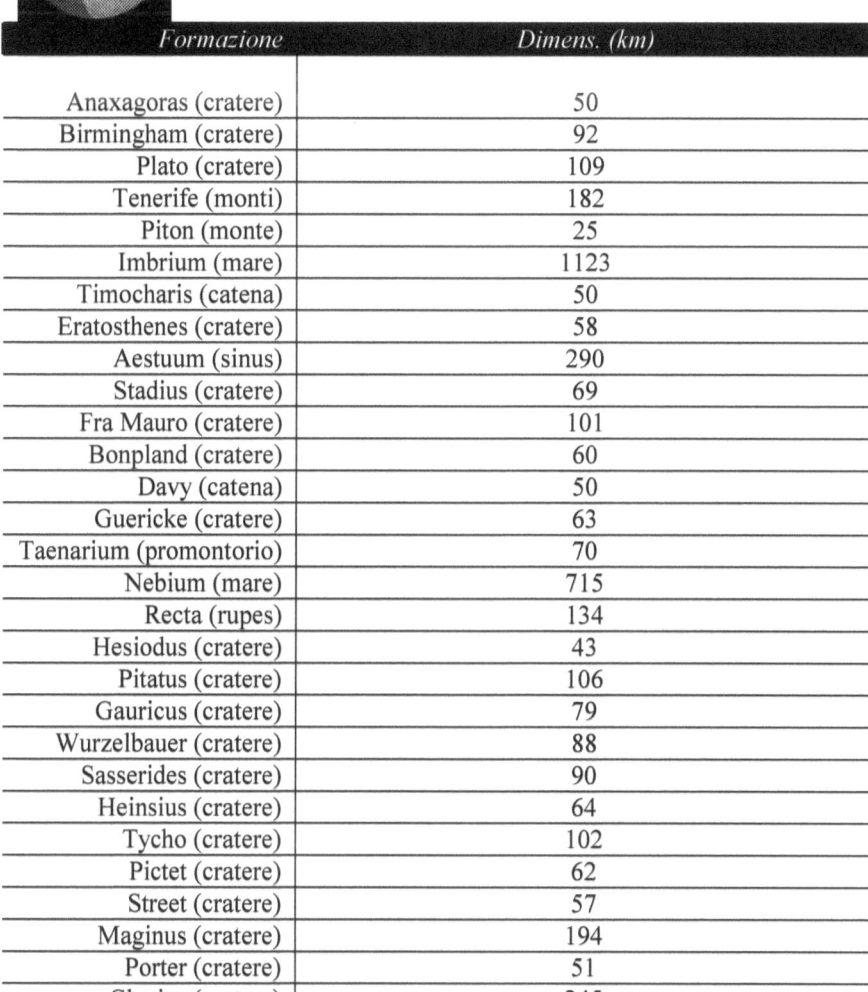

Formazione	Dimens. (km)
Anaxagoras (cratere)	50
Birmingham (cratere)	92
Plato (cratere)	109
Tenerife (monti)	182
Piton (monte)	25
Imbrium (mare)	1123
Timocharis (catena)	50
Eratosthenes (cratere)	58
Aestuum (sinus)	290
Stadius (cratere)	69
Fra Mauro (cratere)	101
Bonpland (cratere)	60
Davy (catena)	50
Guericke (cratere)	63
Taenarium (promontorio)	70
Nebium (mare)	715
Recta (rupes)	134
Hesiodus (cratere)	43
Pitatus (cratere)	106
Gauricus (cratere)	79
Wurzelbauer (cratere)	88
Sasserides (cratere)	90
Heinsius (cratere)	64
Tycho (cratere)	102
Pictet (cratere)	62
Street (cratere)	57
Maginus (cratere)	194
Porter (cratere)	51
Clavius (cratere)	245
Gruemberger (cratere)	93
Short (cratere)	70
Newton (cratere)	78

Formazioni visibili durante il 9° giorno di lunazione:

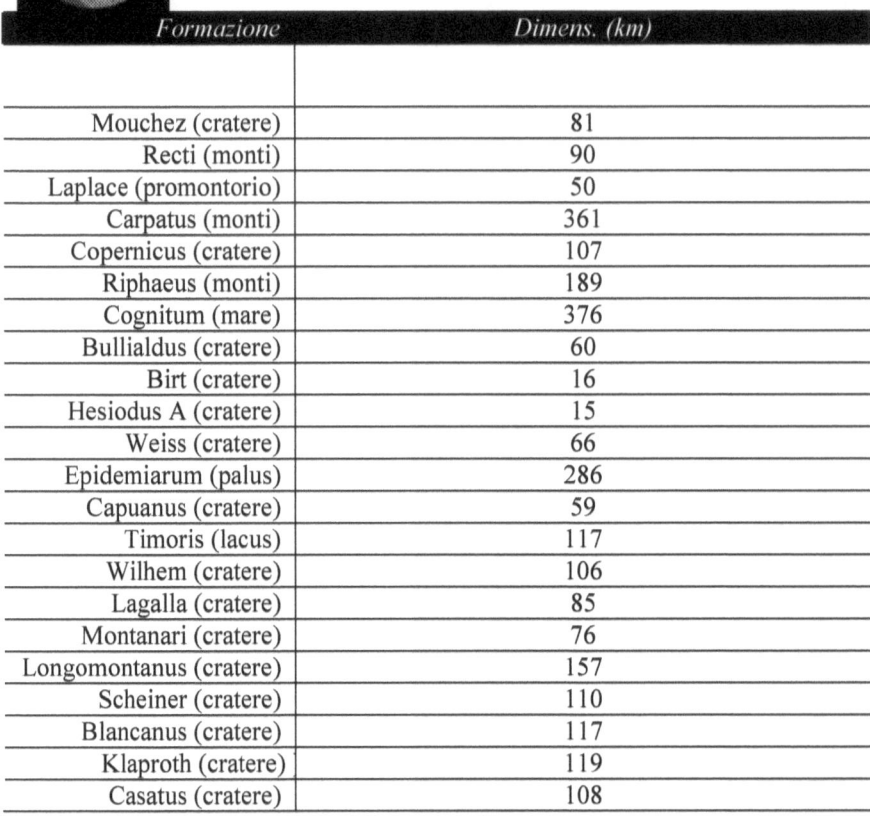

Formazione	Dimens. (km)
Mouchez (cratere)	81
Recti (monti)	90
Laplace (promontorio)	50
Carpatus (monti)	361
Copernicus (cratere)	107
Riphaeus (monti)	189
Cognitum (mare)	376
Bullialdus (cratere)	60
Birt (cratere)	16
Hesiodus A (cratere)	15
Weiss (cratere)	66
Epidemiarum (palus)	286
Capuanus (cratere)	59
Timoris (lacus)	117
Wilhem (cratere)	106
Lagalla (cratere)	85
Montanari (cratere)	76
Longomontanus (cratere)	157
Scheiner (cratere)	110
Blancanus (cratere)	117
Klaproth (cratere)	119
Casatus (cratere)	108

Formazioni visibili durante il 10° giorno di lunazione:

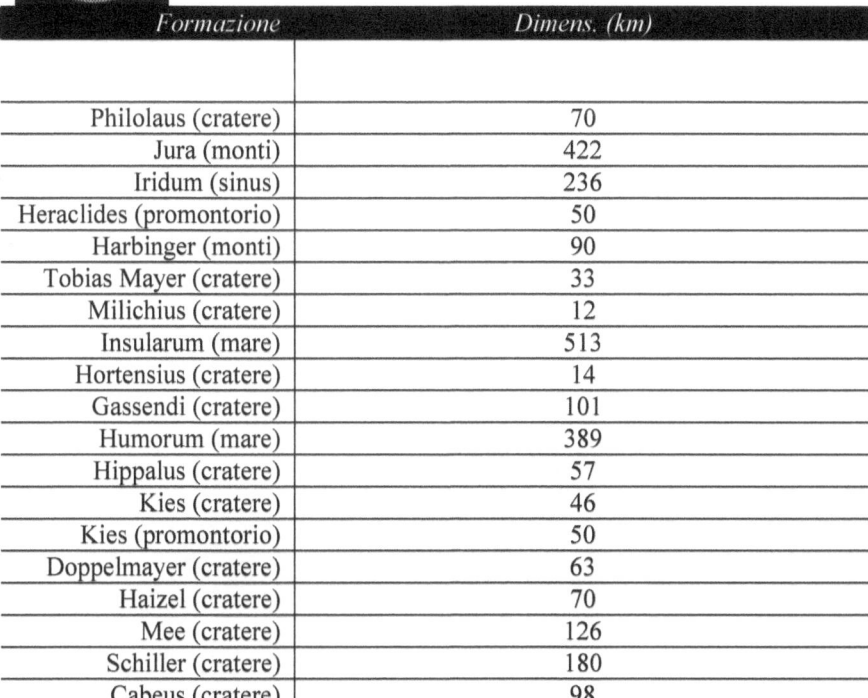

Formazione	Dimens. (km)
Philolaus (cratere)	70
Jura (monti)	422
Iridum (sinus)	236
Heraclides (promontorio)	50
Harbinger (monti)	90
Tobias Mayer (cratere)	33
Milichius (cratere)	12
Insularum (mare)	513
Hortensius (cratere)	14
Gassendi (cratere)	101
Humorum (mare)	389
Hippalus (cratere)	57
Kies (cratere)	46
Kies (promontorio)	50
Doppelmayer (cratere)	63
Haizel (cratere)	70
Mee (cratere)	126
Schiller (cratere)	180
Cabeus (cratere)	98

Formazioni visibili durante il 11° giorno di lunazione:

Formazione	Dimens. (km)
Anaximenes (cratere)	80
Carpenter (cratere)	59
Anaximander (cratere)	67
J Herschel (cratere)	165
South (cratere)	104
Schroteri (valle)	168
Kepler (cratere)	31
Letronne (cratere)	116
Mersenius (cratere)	84
Cavendish (cratere)	56
Fourier (cratere)	51
Exellentiae (lacus)	184
Segner (cratere)	67
Zucchius (cratere)	64
Bettinus (cratere)	71
Kircher (cratere)	72
Wilson (cratere)	69

Formazioni visibili durante il 12° giorno di lunazione:

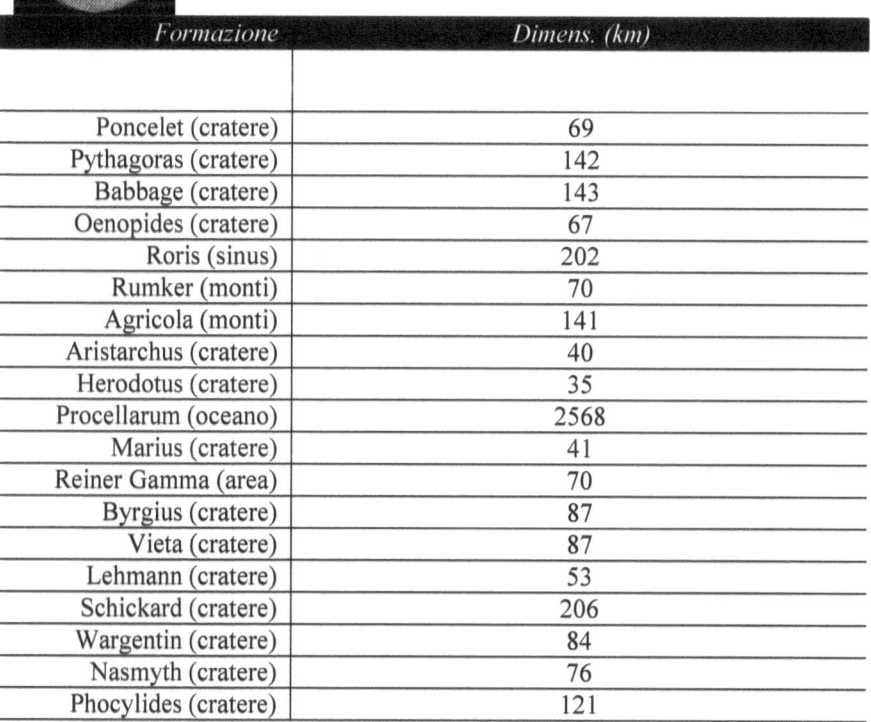

Formazione	Dimens. (km)
Poncelet (cratere)	69
Pythagoras (cratere)	142
Babbage (cratere)	143
Oenopides (cratere)	67
Roris (sinus)	202
Rumker (monti)	70
Agricola (monti)	141
Aristarchus (cratere)	40
Herodotus (cratere)	35
Procellarum (oceano)	2568
Marius (cratere)	41
Reiner Gamma (area)	70
Byrgius (cratere)	87
Vieta (cratere)	87
Lehmann (cratere)	53
Schickard (cratere)	206
Wargentin (cratere)	84
Nasmyth (cratere)	76
Phocylides (cratere)	121

Formazioni visibili durante il 13° giorno di lunazione:

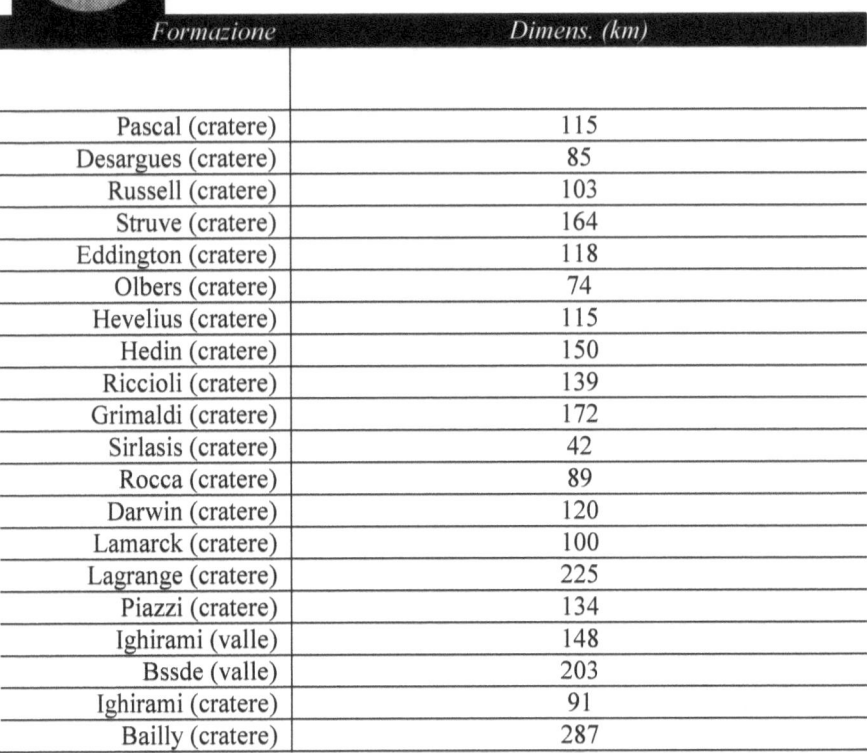

Formazione	Dimens. (km)
Pascal (cratere)	115
Desargues (cratere)	85
Russell (cratere)	103
Struve (cratere)	164
Eddington (cratere)	118
Olbers (cratere)	74
Hevelius (cratere)	115
Hedin (cratere)	150
Riccioli (cratere)	139
Grimaldi (cratere)	172
Sirlasis (cratere)	42
Rocca (cratere)	89
Darwin (cratere)	120
Lamarck (cratere)	100
Lagrange (cratere)	225
Piazzi (cratere)	134
Ighirami (valle)	148
Bssde (valle)	203
Ighirami (cratere)	91
Bailly (cratere)	287

Formazioni visibili durante il 14° giorno di lunazione:

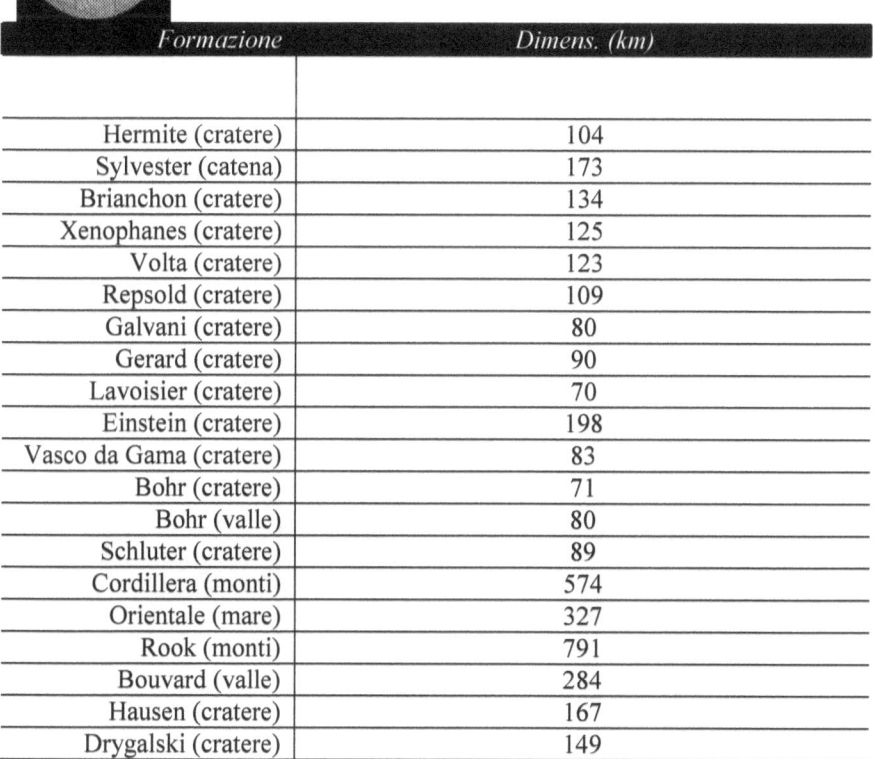

Formazione	Dimens. (km)
Hermite (cratere)	104
Sylvester (catena)	173
Brianchon (cratere)	134
Xenophanes (cratere)	125
Volta (cratere)	123
Repsold (cratere)	109
Galvani (cratere)	80
Gerard (cratere)	90
Lavoisier (cratere)	70
Einstein (cratere)	198
Vasco da Gama (cratere)	83
Bohr (cratere)	71
Bohr (valle)	80
Schluter (cratere)	89
Cordillera (monti)	574
Orientale (mare)	327
Rook (monti)	791
Bouvard (valle)	284
Hausen (cratere)	167
Drygalski (cratere)	149

4.1 Esplorazione della Luna

La prima sensazionale documentazione fotografica contemporanea si è avuta in seguito all'«allunaggio dolce» del *Lunik* 9 sovietico del 3 febbraio 1966 nel mare delle Tempeste.

L'obiettivo fotografico della sonda ha trasmesso fotografie riprese alla distanza di soli tre metri. L'«allunaggio» ha dimostrato infondata l'ipotesi della superficie a meringa (cioè di materiali friabili e cedevoli) della Luna facendo ritenere possibile anche una permanenza in superficie senza pericoli di ipotetiche sabbie mobili.

Lunar Roving Vehicle dell'Apollo 15

L'invio di uomini sulla Luna è stato l'obiettivo principale dell'ente spaziale americano (NASA) che, dopo aver inviato in orbita Apollo 7, Apollo 8, Apollo 9, Apollo 10, il 21 luglio 1969 compiva la missione più spettacolare della storia con Apollo 11, realizzando la prima discesa dell'uomo sulla Luna: alle 4,57 Neil Armstrong toccava il suolo lunare, seguito da Edwin Al drin a 19 minuti di intervallo, mentre Michael Collins orbitava a bordo del modulo di comando. Dopo una permanenza di circa due ore e mezzo, i due fortunati astronauti ripartivano dalla Luna verso la Terra, dove furono accolti con generale ammirazione. Da quella data l'esplorazione della Luna divenne un fatto di ordinaria amministrazione: il 19 novembre 1969 con Apollo 12 sbarcarono sulla Luna Charles Conrad e Alan L. Bean; seguirono gli sbarchi dell'Apollo 14, dell'Apollo 15, ecc. I sovietici, viceversa, nel 1970 hanno inviato il veicolo lunare Lunakhod I, che, comandato

L'equipaggio dell'Apollo 11: N. Armstrong, M. Collins, E. Aldrin

da impulsi radio dalla Terra, ha compiuto il primo viaggio automobilistico sulla Luna. Nel 1973 e stato inviato il Lunakhod 2, vero e proprio laboratorio semovente alimentato da batterie a celle solari. Negli ultimi anni l'esplorazione della Luna ha avuto una battuta d'arresto, anche perché sono state portate a buon punto le missioni esplorative su Marte.

4.2 Missioni Apollo della NASA.

Nell'elenco sono riportati gli emblemi delle missioni e la riuscita della missione:

Apollo 1	Equipaggio deceduto a seguito di un incendio scoppiato durante i test di prelancio.
	***Equipaggio*** *Virgil Grissom* *Edward White* *Roger Chaffee*
Apollo 7	Primo volo umano dell'Apollo e del Saturn IB.
	***Equipaggio*** *Wally Schirra* *Donn Eisele* *Walter Cunningham*
Apollo 8	Primo volo umano attorno alla Luna e primo con il Saturn V.
	***Equipaggio*** *Frank Borman* *W. Alison Anders* *Michael Collins*

Apollo 9	Primo volo umano con il Modulo Lunare (LM).

Equipaggio

James McDivitt

David R. Scott

Russell. Schweickart

Apollo 10	Primo volo umano con il Modulo Lunare (LM) attorno alla Luna.

Equipaggio

Tom Stafford

John W. Young

Eugene Cernan

Apollo 11	Primo volo umano atterrato sulla Luna.

Equipaggio

Neil Armstrong

Michael Collins

Buzz Aldrin

Apollo 12	Primo atterraggio preciso sulla Luna.

Equipaggio

Charles Conrad

Richard Gordon

Alan Bean

Apollo 13	Serbatoio dell'ossigeno esploso durante la rotta per la Luna, allunaggio cancellato, equipaggio salvo.
	**Equipaggio** *James Lovell* *Ken Mattingly* *Fred Haise*
Apollo 14	Alan Shepard diventa l'unico astronauta del Mercury a camminare sulla Luna.
	**Equipaggio** *Gordon Cooper* *Stuart Roosa* *Edgar Mitchell*
Apollo 15	Prima missione con il veicolo Rover lunare.
	**Equipaggio** *David Scott* *Alfred Worden* *James Irwin*
Apollo 16	Primo atterraggio sugli altipiani lunari.
	**Equipaggio** *John W. Young* *Thomas K. Mattingly* *Charles M. Duke*

Apollo 17	Pltima missione Apollo.

Equipaggio

Eugene Cernan

Ron Evans

Harrison "Jack" Schmitt

4.3 Cronologia di tutte le missioni lunari

Missioni automatiche o pilotate che si sono posate al suolo lunare. Dopo il nome della sonda si riportano la data di allunaggio (per le "Luna", quella di partenza), * indica una discesa violenta, l'esito della missione. Per gli equipaggi umani il nome fra parentesi è quello dell'astronauta rimasto in orbita; segue il tempo di permanenza lunare.

- Luna 2 (URSS), 12 set. 1959, *, primo impatto.
- Ranger 6 (USA), 2 feb. 1964, *, guasto alla telecamera, nessuna foto.
- Ranger 7 (USA), 31 lug. 1964, *, 4.300 fotografie del suolo lunare.
- Ranger 8 (USA), 17 feb. 1965, *, 7.100 fotografie molto nitide.
- Ranger 9 (USA), 24 mar. 1965, *, 5.800 fotografie.
- Luna 5 (URSS), 9 mag. 1965, *, fallito il tentativo di discesa morbida.
- Luna 7 (URSS), 4 ott. 1965, *, fallito il tentativo di discesa morbida.
- Luna 8 (URSS), 3 dic. 1965, *, fallito il tentativo di discesa morbida.
- Luna 9 (URSS), 31 gen. 1966, prima discesa morbida sulla Luna.
- Surveyor 1 (USA), 2 giu. 1966, 11.150 immagini televisive del suolo.

- Surveyor 2 (USA), 23 set. 1966, *, poche immagini prima dello schianto.
- Luna 13 (URSS), 21 dic. 1966, immagini ed analisi del suolo.
- Surveyor 3 (USA), 20 apr. 1967, 6.315 foto, analisi chimica del suolo, l'equipaggio di Apollo 12 ne recupera la telecamera.
- Surveyor 4 (USA), 16 lug. 1967, *, si perde il contatto radio.
- Surveyor 5 (USA), 11 set. 1967, 18.000 immagini, analisi chimiche del suolo.
- Surveyor 6 (USA), 10 nov. 1967, 30.000 immagini, si sposta di 3 metri sulla superficie con i propri motori.
- Surveyor 7 (USA), 9 gen. 1968, 21.300 immagini, analisi chimiche del suolo.
- Luna 15 (URSS), 13 lug. 1969, *, tentativo fallito di prelievo di campioni di suolo.
- Apollo 11 (USA), 20 lug. 1969, Neil Armstrong, Edwin Aldrin, (Michael Collins), $21^h 36^m$, 22 chilogrami. di campioni di rocce riportate a Terra.
- Apollo 12 (USA), 19 nov. 1969, Charles Conrad, Alan Bean, (Richard Gordon), $31^h 31^m$, recupero parti di Surveyor 3, installato laboratorio lunare, 35 chilogrammi di campioni di rocce.
- Luna 16 (URSS), 12 set. 1970, primo rinvio automatico a Terra di campioni di suolo (101 grammi).
- Luna 17 (URSS), 10 nov. 1970, primo veicolo semovente esplorativo Lunakhod 1 teleguidato da terra.
- Apollo 14 (USA), 31 gen. 1971, Alan Shepard, Edgar Mitchell, (Stuart Roosa), $33^h 31^m$, installato secondo laboratorio, riportano 45 chilogrammi di rocce.
- Apollo 15 (USA), 30 lug. 1971, David Scott, James Irwin, (Alfred Worden), $66^h 55^m$, percorsi 30 chilometri con veicolo lunare, terzo laboratorio installato, riportano 78 chilogrammi di rocce.
- Luna 18 (URSS), 2 set. 1971, *, tentativo fallito di ritorno di campioni.
- Luna 20 (URSS), 14 feb. 1972, riporta a terra 20 grammi di campioni di suolo.
- Apollo 16 (USA), 2 apr. 1972, John Young, Charles Duke, (Thomas Mattingley), $71^h 2^m$, percorsi 27 chilometri con

veicolo lunare, quarto laboratorio installato con mini osservatorio astronomico, riportano 100 chilogrammi di rocce.

- Apollo 17 (USA), 11 dic. 1972, Eugene Cernan, Harrison Schmitt, (Ronald Evans), $74^h 59^m$, percorsi 37 chilometri con veicolo lunare, quinto laboratorio installato, lanciato un satellite in orbita lunare, riportano 100 chilogrammi di rocce.
- Luna 21 (URSS), 8 gen. 1973, modulo di esplorazione lunare Lunakhod 2.
- Luna 23 (URSS), 28 ott. 1974, *, si danneggia in fase di allunaggio.
- Luna 24 (URSS), 9 ago. 1976, riporta 170 grammi di campioni di suolo lunare.

Altre missioni automatiche o pilotate hanno orbitato attorno alla Luna:

- Luna 3 (URSS), 3 gen. 1959, prima foto della faccia nascosta.
- Lunar Orbiter 1 (USA), 10 ago. 1966
- Luna 11 (URSS), 24 ago. 1966
- Luna 12 (URSS), 22 ott. 1966
- Lunar Orbiter 2 (USA). 6 nov, 1966
- Lunar Orbiter 3 (USA), 4 feb. 1967
- Lunar Orbiter 4 (USA), 8 mag. 1967
- Lunar Orbiter 5 (USA), 1 ago. 1967
- Luna 14 (URSS), 7 apr. 1968
- Zond 5 (URSS), 15 set. 1968
- Zond 6 (URSS), 10 nov. 1968
- Apollo 8 (USA), 21 dic. 1968
- Apollo 10 (USA), 18 mag. 1969
- Zond 7 (USA), 7 ago. 1969
- Apollo 13 (USA), 11 apr. 1970
- Zond 8 (URSS), 20 ott. 1970
- Luna 19 (URSS), 28 set. 1971
- Luna 22 (URSS), 2 giu. 1974
- Hiten o Muses A (Giappone), 24 gen. 1990, rilascia Hagoromo il 18 marzo 1990 in orbita lunare.
- Clementine (USA), 25 gen. 1994

4.4 La situazione attuale

L'Agenzia Spaziale Europea e la Repubblica Popolare Cinese hanno entrambe piani per esplorare la Luna, la prima mediante sonde e la seconda, secondo notizie recenti, con un programma di esplorazione umana.

Il presidente statunitense George W. Bush ha richiesto invece la collocazione di una base permanente sulla Luna entro il 2020 e secondo Michael Griffin, nominato a capo della Nasa nel marzo 2005, l'impresa sembra fattibile. L'agenzia sta ricevendo un flusso di finanziamenti comparabile ai fondi messi a disposizione della NASA all'epoca del programma Apollo. *"A mio giudizio, di questo passo possiamo tornare sulla Luna. Possiamo anche andare su Marte. Non possiamo farlo subito, con la velocità del programma Apollo, ma raggiungeremo questi obiettivi".*

La sonda spaziale SMART-1, dell'Agenzia Spaziale Europea (ESA) è stata lanciata il 27 settembre 2003, ed è arrivata nei pressi della Luna ad inizio 2005 (il motivo di un tempo così lungo è da trovarsi nel suo motore a ioni, un nuovo tipo di propulsore spaziale molto economico ma piuttosto lento). SMART-1 effettuerà una ricognizione completa della Luna e produrrà una mappa a raggi X della sua superficie.

La Cina, oltre all'esplorazione umana, sta considerando la possibilità di sfruttare minerariamente la Luna, in particolare per l'isotopo Elio-3, da usare come fonte d'energia sulla Terra.

4.5 Alcuni retroscena sulla missioni lunari

Nel 2001 Philippe Lheureux pubblicò un libro che sosteneva che le foto prese dagli astronauti americani sulla Luna erano in realtà dei falsi realizzati sulla Terra. Le sue teorie analizzano alcune anomalie riscontrate sulle foto diffuse dalla NASA. Un libro più volte annunciato dall' ente spaziale per rispondere a questi interrogativi e commissionato a Jim Oberg esperto in questioni aerospaziali non è mai stato pubblicato. L'argomento continua a suscitare polemiche se si considerano le tecnologie dell' epoca e la situazione politica di guerra fredda tra Stati Uniti e Unione Sovietica.

Nel 1978 Il regista Peter Hyams ha realizzato il film *"Capricorn One"* dove la NASA per non perdere i finanziamenti di una missione spaziale realizza un falso allestito in uno studio cinematografico.

Bibliografia

- A. Carbognani, *I crateri della Luna*, Sirio srl, Milano (2006).
- A. Carbognani, *Astronomia con la webcam*, Sirio srl, Milano (2005).
- A. Carbognani, *Al computer come al telescopio*, Sirio S.r.l., Milano (2005).
- R. Braga, A. Carbognani, F. Ferri, A. Johnson, A Leo, G. Piazzi, G.Q. Sacco, G. Sorrentino, *Conoscere e osservare la Luna – Manuale della sezione Luna UAI*, See, Milano (2002)
- R. Lena, P. Salimbeni, Osservare *la Luna*, Sirio S.r.l., Milano (2001).
- W. Ferreri, *gli accessori dei telescopi*, Sirio S.r.l., Milano (2000).
- P. Bianucci, *La Luna*, Giunti Firenze (1988).

Ringraziamenti:

Si ringraziano tutti coloro che hanno permesso la realizzazione di questo libro.

Un ringraziamento particolare ad Achille Giordano per la realizzazione di alcune immagini lunari presenti in questo libro.

Questo libro è stato stampato
nel mese di Maggio 2007
Da: Lightning Source Inc.
Tennessee, U.S.A.
Per conto di: Lulu Press Enterprises, Inc
Morrisville, U.S.A.

www.ingramcontent.com/pod-product-compliance
Lightning Source LLC
Chambersburg PA
CBHW032003170526
45157CB00002B/525